零基础学技能轻松入门丛书

零基础学家电维修与拆装技术轻松入门

数码维修工程师鉴定指导中心　组　编

韩雪涛　主　编

吴　瑛　韩广兴　副主编

U0191288

机械工业出版社

本书以市场就业为导向，采用完全图解的表现方式，系统全面地介绍了家电维修与拆装的知识与技能。根据国家相关职业规范和岗位就业的技术特点，本书将家电维修与拆装技术划分成 12 章：第 1 章，家用电子产品维修基础知识；第 2 章，家电维修工具仪表的使用；第 3 章，家用电子产品的通用检修经验与检修安全；第 4 章，电吹风机的拆装与检修技能；第 5 章，电风扇的拆装与检修技能；第 6 章，吸尘器的拆装与检修技能；第 7 章，洗衣机的拆装与检修技能；第 8 章，电热水壶的拆装与检修技能；第 9 章，电饭煲的拆装与检修技能；第 10 章，微波炉的拆装与检修技能；第 11 章，彩色电视机的拆装与检修技能；第 12 章，液晶电视机的拆装与检修技能。每章的知识技能循序渐进，图解演示、案例训练相互补充，基本覆盖了家电维修与拆装的初级就业需求，确保读者能够高效地完成家电维修与拆装技术相关知识的掌握和技能的提升。

本书可作为专业技能认证的培训教材，也可作为各职业技术院校的实训教材，适合从事和希望从事电子、电气领域的技术人员、业余爱好读者阅读。

本书编委会

主　编：韩雪涛

副主编：吴　瑛　韩广兴

编　委：张丽梅　宋明芳　王　丹　张湘萍
　　　　吴鹏飞　高瑞征　吴　玮　韩雪冬
　　　　唐秀鸯　吴惠英　周　洋　周文静
　　　　安　颖　梁　明　高冬冬　王露君

前　言

随着科技的进步和国民经济的发展，城乡建设的步伐不断加快，社会整体电气化水平也日益提高。无论是生产生活，还是公共娱乐，无不洋溢着现代化的气息。各种各样的电气设备不断涌入到社会生产和社会生活之中，从家庭用电到小区管理，从公共照明到工业生产，随处可以看到各种各样的电气设备，这些发展和进步也使得电工电子维修技术人员的社会需求变得越来越强烈。

从社会实际需求出发，经过大量的信息收集和数据整理，我们将电工电子领域最基础的行业技能进行归纳整理，作为图书类别划分的标准，确立了本套"零基础学技能轻松入门"丛书。本丛书共8本，分别为《零基础学电工轻松入门》《零基础学万用表轻松入门》《零基础学电工识图轻松入门》《零基础学电工仪表轻松入门》《零基础学电子元器件轻松入门》《零基础学维修电工轻松入门》《零基础学电动机修理轻松入门》《零基础学家电维修与拆装技术轻松入门》。

本套丛书定位于电工电子行业的初级和中级学习者，力求打造低端大众实用技能类图书的"全新创意品牌"。

1. 社会定位

本套丛书定位于广大电工电子技术初学者和从业人员，各大中专、职业技术院校师生，以及相关认证培训机构的学员和电工电子技术爱好者。丛书根据电工电子行业的技术特点和就业岗位进行图书品种的分类，将目前社会需求量最大、就业应用所必需的实用技能作为每种图书讲解传授的重点内容，确保每种图书都有良好的社会基础和读者需求。

2. 策划风格

本套丛书在策划风格上摒弃了传统电工电子类图书的体系格局，从初学者的岗位实际需求出发，最大限度地满足读者的从业需求。因此本套丛书重点突出了"精""易""快"三大特点：

精 即精炼，尽可能将每个领域中的行业特点和知识技能全部包含其中，让读者能够最大限度地通过一本图书完成行业技能的全面提升。

易 即容易，摒弃大量文字段的叙述，而用精彩的图表来代替，让读者轻松容易地掌握知识和技能。

快 即快速，通过巧妙的编排和图文并茂的表达，尽可能地缩短读者的学习周期，实现从知识到技能的快速提升。

3. 内容编排

本套丛书在内容编排上进行大胆创新，将国家相关的职业标准与实际的岗位需求相结合，讲述内容注重技能的入门和提升，知识讲解以实用和够用为原则，减少烦琐而枯燥的概念讲解和单纯的原理说明。所有知识都以技能为依托，都通过案例引导，让读者通过学习真正得到技能的提升，真正能够指导就业和实际工作。

4. 表达方式

本套丛书在表达方式上，考虑初学者的学习和认知习惯，运用大量图表来代替文字表述；同时在语言表述方面以及图形符号的使用上，也尽量采用行业通用术语和常见的主流图形符号，而非生硬机械地套用国家标准，这点也请广大读者引起注意。这样做的目的就是要尽量保证让读者能够快速、主动、清晰地了解知识和技能，力求让读者一看就懂、一学就会。

5. 版式设计

本套丛书在版式的设计上更加丰富，多个模块的互补既确保学习和练习的融合，同时又增强了互动性，提升了学习的兴趣，充分调动读者的主观能动性，让读者在轻松的氛围下自主地完成学习。

6. 技术保证

在图书的专业性方面，本套丛书由数码维修工程师鉴定指导中心组织编写，图书编委会中的成员都具备丰富的维修知识和培训经验。书中所有的内容均来源于实际的教学和工作案例，使读者能够对行业标准和行业需求都有深入的了解，而且确保图书内容的权威性、真实性。

7. 增值服务

在图书的增值服务方面，本套丛书依托数码维修工程师鉴定指导中心提供全方位的技术支持和服务。借助数码维修工程师鉴定指导中心为本套丛书搭建的技术服务平台：

网络平台：www.chinadse.org

咨询电话：022-83718162/83715667/13114807267

联系地址：天津市南开区华苑产业园区天发科技园 8-1-401

邮政编码：300384

读者不仅可以通过数码维修工程师网站进行学习资料下载，而且还可以将学习过程中的问题与其他学员或专家进行交流；如果在工作和学习中遇到技术难题，也可以通过论坛获得及时有效的帮助。

目　　录

第1章

家用电子产品维修基础知识

1.1　电路中的电流和电压

1.1.1　电路中的电流

　　如图 1-1 所示，在导体的两端加上电压，导体的电子就会在电场的作用下做定向运动，形成电子流，称为"电流"。在分析和检测电路时，规定"正电荷的移动方向为电流的正方向"。但应指出金属导体中的电流实际上是"电子"的定向运动，因而规定的电流的方向与实际电子运动的方向相反。这里可以理解为，正电荷和负电荷的运动方向是相对的。犹如火车和铁轨之间的关系，如坐在火车上看铁轨，好像铁轨是向相反的方向运动的。

　　电流的大小用电流强度来表示，它定义为单位时间内通过导体截面积的电荷量。电路强度用字母"I"（或小写 i）来表示。若在 t 秒（s）内通过导体截面积的电荷量是 Q 库仑（C），则电流强度可用下式表示：

$$I = \frac{Q}{t}$$

　　如果在 1s 内通过导体截面积的电荷量是 1C，那么导体中的电流强度为 1A。电流强度的单位为"安培"，简称"安"，以字母"A"表示。根据不同的需要，还可以用"千安"（kA）、"毫安"（mA）和"微安"（μA）来表示。它们之间的关系为

$$1kA = 1000A$$
$$1mA = 10^{-3}A$$
$$1\mu A = 10^{-6}A$$

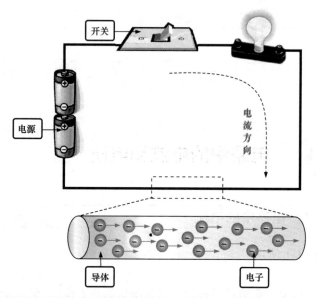

图 1-1　电流的形成

　　为了方便，常常将电流强度简称"电流"，可见电流不仅表示一种物理现象，而且也代表一个物理量。

　　电流有直流和交流之分，如图 1-2 所示。直流电流是指流动的方向都不随时间变化的电流，简称直流，用符号"DC"表示，如图 1-2a 所示。电流的大小和方向均随时间变化的电流称为交变电流，简称交流，用符号"AC"表示，如图 1-2b 和图 1-2c 所示。其中图 1-2b 所示是正弦交变电流，简称正弦交流电。它是一种按正弦规律变化的交流电，也是通常用得最多的交流电。

1.1.2　电路中的电压

　　电压是表征信号能量的三个基本参数之一。在电子电路中，电路的工作状态如谐振、平衡、截止、饱和以及工作点的动态范围，通常都以电压的形式表现出来。图 1-3 所示是电源、电器元件和开关组成的电路，图中的 a 和 b 表示电池的正、负极。正极带正电荷，负极带负电荷。根据物理学的知识，在电池的 a、b 之间要产生电场，如果用导体将电池的正极和负极连接起来，则在电场的作用下，正电荷就要从正极经连接导体流向负极，这说明电场对电荷做了功。为了衡量电场力对电荷做功的能力，便引入"电压"这一物理量，用符号"U"（或小写 u）表示，它在数值上等于电场力把单位正电荷从 a 点移动到 b 点所做的功。用 W 表示电场所做的功，q 表示电荷量，则：

$$U_{ab} = W/q$$

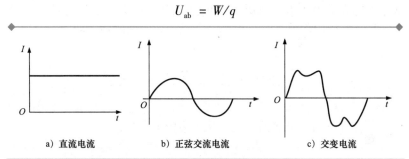

　　a）直流电流　　　　　　b）正弦交流电流　　　　　　c）交变电流

图1-2　　直流和交流

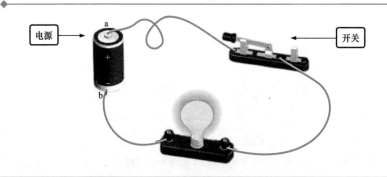

图1-3　　电源、电器元件和开关组成的电路

　　通常两点间的电压也称为两点间的电位差，即：

$$U_{ab} = U_a - U_b$$

　　上式中的 U_a 表示 a 点的电位，U_b 表示 b 点的电位。电位可认为是某点与零电位点之间的电位差。在上图中，以 b 点为基准零电位，则 a 点相对于 b 点的电位为 1.5V，即电池的输出电压。

　　从图1-3中可以看出，正电荷在电场的作用下从高电位向低电位流动。这样随着电池的消耗（电池内阻会增加），电能下降，正极 a 的电位逐渐降低。其结果使 a 和 b 两电极的电位差逐渐减小，则电路中供给灯泡的电流也相应减小。

为了维持电流不断地在灯泡中流通，并保持恒定，也就是要使负极 b 上所增加的正电荷能回到正极 a。但由于电场力的作用，负极 b 上的正电荷不能逆电场而上，因此必须要有另一种力能克服电场力而使负极 b 上的正电荷流向正极 a，这就是电源力。充电电池就是根据这个原理开发的。电源力对电荷做功的能力通常用电动势 E_{ba} 来衡量，它在数值上等于电源力把单位正电荷从电源的低电位端（负极）b 经电源内部移到高电位端（正极）a 所做的功，即：

$$E_{ba} = W/Q$$

电压和电动势都有方向（但不是矢量），电压方向规定为由高电位端指向低电位端，即电位降低的方向；而电动势的方向规定为在电源内部由低电位端指向高电位端，即电位升高的方向，如图 1-4 所示。在外电路中电流的方向是从正极流向负极的。

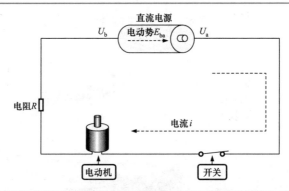

图 1-4　电压和电动势的方向

电压和电动势的单位都是伏特（V），简称伏。

1.2　欧姆定律的概念与应用

1.2.1　欧姆定律的概念

在电路中，流过电阻器的电流与电阻器两端的电压成正比，这是欧姆定律的基本概念，它是电路中最基本的定律之一。

欧姆定律有两种形式，即部分电路中的欧姆定律和全电路中的欧姆定律。

 1. 部分电路中的欧姆定律

如图 1-5 所示，当在电阻器两端加上电压时，电阻器中就有电流通过。通过实验可知：流过电阻器的电流 I 与电阻器两端的电压 U 成正比，与电阻值 R 成反比。这一结论称为部分电路的欧姆定律。用公式表示为

$$I = \frac{U}{R}$$

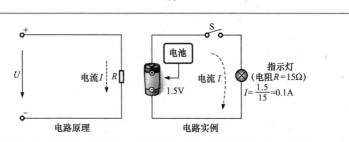

图 1-5　部分电路中的欧姆定律

当所加电压 U 一定时，电阻值 R 越大，则电流 I 越小。显然电阻器具有对电流起阻碍作用的性质。

根据在电路上所选电压和电流正方向的不同，欧姆定律的表达式中可带有正号或负号。当电流的方向与设定方向一致时，如图 1-5 所示，则：

$$U = IR$$

当电流设定的方向与正方向相反时，如图 1-6 所示，则：

$$U = -IR$$

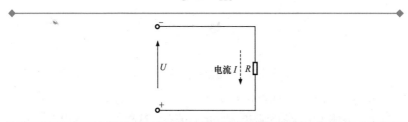

图 1-6　电压和电流的正方向相反

表达式中的正负号是根据电压和电流正方向得出的。对于图1-5来说，假定上端为"＋"（高电位端），下端为"－"（低电位端），而电流（I）的方向则由高电位端流向低电位端，这时电压U和电流I均为正值；而对于图1-6来说，电流由低电位端流向高电位端，因而I为负值。

如果以电压为纵坐标，电流为横坐标，可以画出电阻器的$U-I$关系曲线，称为电阻元件的伏安特性曲线，如图1-7所示。由图可见，电阻器的伏安特性曲线是一条直线，所以电阻元件是线性元件。

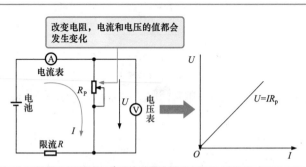

图1-7　电流与电压和电阻的关系

 2. 全电路中的欧姆定律

含有电源的闭合电路称为全电路。如图1-8所示，在全电路中，电流与电源的电动势成正比，与电路中的内电阻（电源的电阻）和外电阻之和成反比，这个规律称为全电路的欧姆定律。

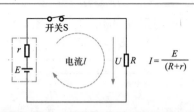

图1-8　全电路中的欧姆定律

电路闭合时，电源端电压应为：$U = E - Ir$

上式表明了电压随负载电流变化的关系，这种关系称为电源的外特性，用曲线表示电源的外特性称为电源的外特性曲线，如图1-9所示。

从外特性曲线中可以看出，电源的端电压随着电流的变化而变化，当电路接小电阻器时，电流增大，端电压就下降；否则，端电压就上升。

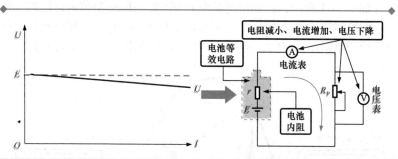

图1-9　电源的外特性曲线

1.2.2　欧姆定律的应用

 1. 电路中各个物理量的计算

在电路中已知电阻（R）、电流（I）和电压（U）三个值中的任意两个值，即可求出第三个值。如图1-10所示，已知电路中 $U_{ab} = -12V$，$I = -2A$，根据欧姆定律即可求出电阻器 R 的电阻值。

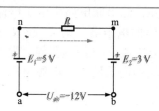

图1-10　简单电路

a点的电位比b点的电位低12V，n点的电位比b点的电位低 $12V - 5V = 7V$，m点的电位比b点的电位高3V，则n点的电位比m点的电位低 $7V + 3V = 10V$。即：

$$U_{nm} = -10V$$

由欧姆定律可得出：

$$R = \frac{U_{nm}}{I} = \frac{-10V}{-2A} = 5\Omega$$

2. 判断电路中电阻的好坏

如图 1-11 所示，已知该电路中 R_1 和 R_2 是同电阻值的电阻器，但电阻的标称值等已经看不清。当该电路出现故障时，可利用欧姆定律分别检测电阻器 R_1 和 R_2 两端的电压来判别电阻器是否出现故障。

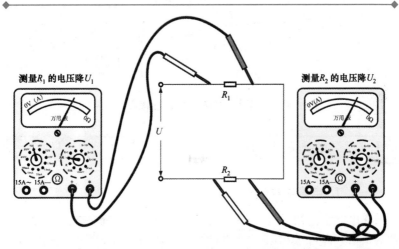

图 1-11　利用欧姆定律检测电路中的电阻器

根据欧姆定律可知，此串联电路中由于电流处处相等，而电阻器 R_1 和 R_2 属同电阻值的电阻器，则 R_1 与 R_2 两端的电压应相等。如果测得 R_1 与 R_2 的电压值 U_1 与 U_2 相等，则 R_1 与 R_2 均正常；如果其中 1 个电阻器两端的电压值等于电源电压，而另一个电压值为 0，则前者有断路情况。

1.3　电路的工作状态与连接方式

1.3.1　电路的工作状态

直流电路的工作状态可分为有载工作状态、开路状态和短路状态三种。

1. 有载工作状态

如图 1-12 所示，若开关 S 闭合，即将灯泡和电源接通，则此电路就是有载工作状态。如果以 R_L 表示灯泡电阻，r 表示电池内阻，E 表示电源电动势，则此时电路中的电流为：

$$I = \frac{E}{r + R_L}$$

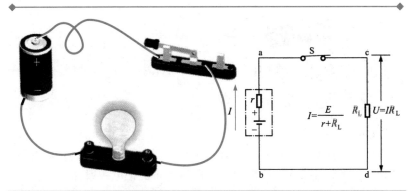

图 1-12　有载工作状态的电路

通常电源的电动势和内阻 r 是一定的。因此由上式可见，负载灯泡的电阻 R_L 越小，则电流 I 越大。而负载灯泡两端的电压为 $U = IR_L$。由于电源内阻的存在，所以：

$$U = E - Ir$$

由上式可见，电源端电压小于电动势，两者之差为电流通过电源内阻所产生的电压降 Ir。电流越大，端电压下降越多。

 2. 开路状态

如图 1-13 所示，在此电路中，将开关 S 打开，这时电路处于开路（也称空载）状态。开路时电路的电阻器对电源来说等于无穷大，因此电路中的电流为零，这时电源的端电压 U（称为开路电压或空载电压）等于电源电动势。开路时电路的特征可用下列各式表示：

$$I = 0$$
$$U = E$$

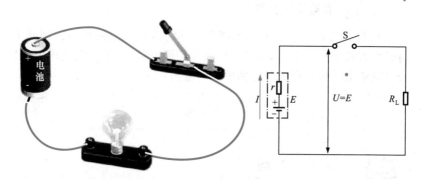

图 1-13　开关断开后的开路状态

 3. 短路状态

如图 1-14 所示，当电源短路时，外电路的电阻可视为零，电流不再流过负载。这时回路中仅有很小的电源内阻 r，所以电路中的电流很大。此电流称为短路电流，短路电流可能把电源毁坏。

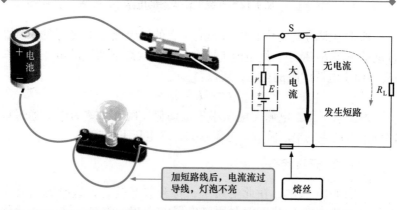

图 1-14　电路中的短路状态

产生短路的原因是由于绝缘损坏或接线不慎，因此应经常检查电气设备和线路的绝缘情况。短路是一种严重的事故，应尽量预防。为了防止短路所引起的不良后果，通常在电路中接入熔断器或自动断路器。

1.3.2   电路的连接方式

在实际应用电路中，只接一个负载的情况很少。由于在实际的电路中不可能为每个晶体管和电子器件都配备一个电源，因此，在实际应用中总是根据具体的情况把负载按适当的方式连接起来，达到合理利用电源或供电设备的目的。电路中常见的连接形式有串联、并联和混联三种。

 1. 串联电路

（1）电阻器的串联

把两个或两个以上的电阻器依次首尾连接起来的方式称为电阻器的串联，如图 1-15 所示。如果电阻器串联连接到电源的两极，由于串联电路中各处电流相等，即有 $U_1 = IR_1$、$U_2 = IR_2 \cdots U_n = IR_n$。而 $U = U_1 + U_2 + \cdots + U_n$，所以有 $U = I\,(R_1 + R_2 + \cdots + R_n)$，因而串联后的总电阻为各电阻之和，也即 $R = U/I = R_1 + R_2 + \cdots + R_n$。

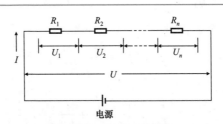

图 1-15   电阻器的串联电路

串联电路的特点是电路中各处的电流相等（大小相等且方向相同）。

（2）电容器的串联

电容器是由两片极板组成的，具有存储电荷的功能。电容器所储存的电荷量（Q）与电容器的电容量和电容器两极板上所加的电压成正比，如图 1-16 所示。

图 1-17 是电容器串联的电路示意图，串联电路中各点的电流相等。当外加电压为 U 时，各电容器上的电压分别为 U_1、U_2、U_3，三个电容器上的电压之和等于总电压。如果电容器上的电荷量都为同一值 Q，即：

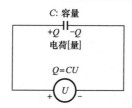

图 1-16　电容器上电量与电压的关系

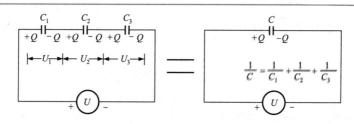

图 1-17　电容器串联的电路示意图

$$U_1 = \frac{Q}{C_1} \qquad U_2 = \frac{Q}{C_2} \qquad U_3 = \frac{Q}{C_3}$$

将串联的 3 个电容器视为 1 个电容器，则：

$$\frac{Q}{C} = \frac{Q}{C_1} + \frac{Q}{C_2} + \frac{Q}{C_3}$$

即：

$$\frac{1}{C} = \frac{1}{C_1} + \frac{1}{C_2} + \frac{1}{C_3}$$

可见，串联电容器的总电容量的倒数等于各电容器电容量的倒数之和。

当电容器串联使用时，如果它们的电容量不相同，则电容量小的电容器分得的电压高。所以，在串联使用时，最好选用电容量与耐压均相同的电容器，否则电容量小的电容器有可能由于分得的电压过高而被击穿。

（3）电感器的串联

图 1-18 所示是电感器的串联电路，串联电路的电流 I 都相等，电感量与线圈的匝数成正比。实际上电感器的串联与电阻的串联的计算方法相同，即：$L = L_1 + L_2 + L_3$。

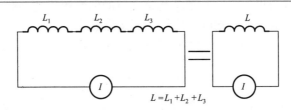

$$L = L_1 + L_2 + L_3$$

图 1-18　电感器的串联电路

 2. 并联电路

（1）电阻器的并联

把两个或两个以上的电阻器（或负载）按首首和尾尾连接起来的方式称为电阻器的并联电路，如图 1-19 所示。从图中可以看出，假定将并联电路接到电源上，由于并联电路各并联电阻器两端的电压相同，根据欧姆定律有 $I_1 = U/R_1$、$I_2 = U/R_2 \cdots I_n = U/R_n$，而 $I = I_1 + I_2 + \cdots + I_n$，所以有：

$$I = U\left(\frac{1}{R_1} + \frac{1}{R_2} + \cdots + \frac{1}{R_n}\right)$$

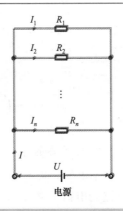

图 1-19　电阻器的并联电路

电路的总电阻与电压和总电流也应满足欧姆定律，即 $I = U/R$，因而可得：

$$\frac{1}{R} = \frac{1}{R_1} + \frac{1}{R_2} + \cdots + \frac{1}{R_n}$$

　　从上式可以看出，并联电路总电阻的倒数等于各并联支路各电阻的倒数之和。通常把电阻的倒数定义为电导，用字母"G"表示。电导的单位是"西门子"简称"西"，用符号"S"表示。

　　规定：

$$\frac{1}{1\Omega} = 1S$$

　　因而电导式就可改写成：

$$G = G_1 + G_2 + \cdots + G_n$$

式中：

$$G = \frac{1}{R} 、 G_1 = \frac{1}{R_1} 、 G_2 = \frac{1}{R_2} \cdots G_n = \frac{1}{R_n}$$

　　从上式可见，并联电阻的总电导等于各并联支路的电导之和。

　　（2）电容器的并联

　　图1-20是电容器并联的电路示意图，总电流等于各分支的电流之和。给三个电容器加上电压 U 时，各电容器上所储存的电荷量分别为 $Q_1 = C_1U$、$Q_2 = C_2U$、$Q_3 = C_3U$。

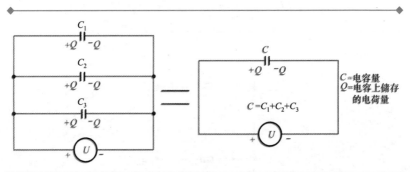

图1-20　电容器并联的电路示意图

　　如果将 C_1、C_2 和 C_3 三个电容器视为一个电容器 C，则合成电容器的电荷量等于每个电容器的电荷量之和，即：

$$CU = C_1U + C_2U + C_3U = (C_1 + C_2 + C_3)U$$

即：

$$C = C_1 + C_2 + C_3$$

　　可见，并联电容器的合成电容器的电容量等于三个电容器的电容量之和。当电容器并联使用时，每只电容器的耐压均应高于电路中的电压。

（3）电感器的并联

图 1-21 所示是电感器的并联电路，并联电感值的倒数等于三个电感值的倒数之和。即：

$$\frac{1}{L} = \frac{1}{L_1} + \frac{1}{L_2} + \frac{1}{L_3}$$

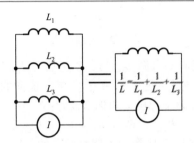

图 1-21　电感器的并联电路

 3. 混联电路

在一个电路中，既有电阻器的串联又有电阻器的并联的电路称为电阻器的混联电路。图 1-22 所示是简单的电阻器混联电路。

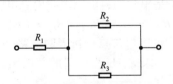

图 1-22　简单的电阻器混联电路

电阻器 R_2 和 R_3 并联连接，R_1 和 R_2、R_3 并联后的电阻串联连接，该电路中总电阻值计算如下：

$$R = R_1 + \frac{1}{\dfrac{1}{R_2} + \dfrac{1}{R_3}}$$

分析混联电路可采用如下两种方法：

（1）利用电流的流向及电流中的分合，将电路分解成局部串联和并联的方法在图 1-23 中，已知 $R_1 = 3\Omega$，$R_2 = 6\Omega$，$R_3 = R_4 = R_5 = 2\Omega$，$R_6 = 4\Omega$，求 A、B 两端的等效电阻值。

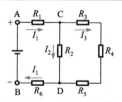

图 1-23　混联电路

解：首先假设有一电源接在 A、B 两端，且 A 端为"＋"，B 端为"－"，则电流流向如图 1-23 所示。在 I_3 流向的支路中，R_3、R_4、R_5 是串联的，因而该支路的总电阻 R'_{CD} 为：

$$R'_{CD} = R_3 + R_4 + R_5 = 6\Omega$$

由于 I_3 所在的支路与 I_2 所在的支路是并联的，所以：

$$\frac{1}{R_{CD}} = \frac{1}{R_2} + \frac{1}{R'_{CD}}$$

即：

$$R_{CD} = \frac{R_2 R'_{CD}}{R_2 + R'_{CD}} = 3\Omega$$

又因为 R_1、R_{CD}、R_6 是串联的，因而电路的总电阻为：

$$R_{AB} = R_1 + R_{CD} + R_6 = 10\Omega$$

（2）利用电路中的等电位点分析混联电路

如图 1-24a 所示，求 a、b 两点间的总电阻，并计算 R_1 两端的电压。

解：首先根据等电位点画出实际电路的等效电路，如图 1-24b 所示。由图中可见 R_2 和 R_3、R_4 是并联的，然后再与 R_1 串联，因而总电阻为：

$$R_{ab} = R_1 + R_{ab} // R_3 // R_4 = 1\Omega + \frac{1}{\dfrac{1}{6} + \dfrac{1}{2} + \dfrac{1}{3}}\Omega = 2\Omega$$

电路的总电流为：

$$I = E/R = \frac{2}{2}A = 1A$$

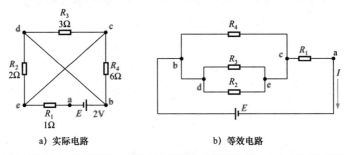

a) 实际电路　　　　　　　　　　b) 等效电路

图 1-24　实际电路与等效电路

由欧姆定律可知 R_1 两端的电压为：

$$U_1 = IR_1 = 1 \times 1\text{V} = 1\text{V}$$

以上方法可以灵活运用，当分析电路比较熟练以后，可不必注明电流方向或等电位点。

1.4　电路中的图形符号

1.4.1　基本标识符号

家用电子产品电路图的基本标识符号是导线。在电路图中，通过导线连接元器件标识电路关系和状态。电子电路的基本标识符号包括导线标识、连接点标识、端子标识、电流电压标识、接地标识、等电位标识等。

 1. 导线及连接点、端子的标识符号

导线及连接点、端子的标识符号是电子电路中最基本的符号标识，通过不同的图形符号表示不同的导线，在标识十字交叉的导线连接时，必须加连接点，标识一部分电路图时需要在导线一端加端子符号，导线及连接点、端子的标识符号见表1-1所列。

 2. 电流电压的标识符号

在标识电流电压时，常涉及交流和直流，一般使用交流直流符号并用文字标识电流量或电压值，需要标识直流正负极的用正负号表示，电流电压的标识符号见表 1-2 所列。

表 1-1　导线及连接点、端子的标识符号

名　称	图形符号	名　称	图形符号	名　称	图形符号
软连接线	∿	电缆及其终端头	▷─<	端子	○
屏蔽导线	─(─)─	导线的连接	┴ 或 ┼	连接点	●
同轴电缆	─○─	导线的不连接	┼	连接片	⊏▭⊐ 或

表 1-2　电流电压的标识符号

名　称	图形符号	名　称	图形符号	名　称	图形符号
直流	⎓	交直流	≈	电源正极	+
交流	∼	具有交流分量的整流电路	≋	电源负极	−

3. 接地与等电位的标识符号

家用电子产品电路常涉及接地和等电位，不同的接地要求图形符号也不同，接地与等电位的标识符号见表 1-3 所列。

表 1-3　接地与等电位的标识符号

名　称	图形符号	名　称	图形符号	名　称	图形符号
接地一般符号	⏚	保护接地	⏚	等电位	▽
无噪声接地	⏚	接机壳或接地板	⊥ 或	—	—

1.4.2　电子元器件符号

电子元器件是家用电子产品电路中常见的图形符号，包括电阻器、电容器、电感器、晶体二极管（以下简称二极管）、晶体三极管（以下简称三极管）、场效应晶体管、晶闸管、光耦合器、电池等。

1. 电阻器符号

电阻器是家用电子产品电路图中最常见的元器件之一，根据种类的不同，电阻器的符号也不同，其符号见表1-4所列。

表1-4　电阻器的符号

电阻器名称	文字符号	图形符号	电阻器名称	文字符号	图形符号
普通电阻器	R		熔断电阻器	R	
熔断器	FU		可调电阻器；或电位器	RP	
光敏电阻器	R 或 MG 或 RL		湿敏电阻器	R 或 MS	
压敏电阻器	R 或 MY 或 RV		气敏电阻器	R 或 MQ	
热敏电阻器	R 或 MS 或 RT		霍尔传感器		

 2. 电容器的符号

电容器是家用电子产品电路图中最常见的元器件之一，根据种类的不同，电容器的符号也不同。电容器的符号见表1-5所列。

表1-5　电容器的符号

电容器名称	文字符号	图形符号	电容器名称	文字符号	图形符号
普通电容器	C		电解电容器	C	
微调电容器	C		单联可调电容器	C	
双联可调电容器	C		—	—	—

 3. 电感器符号

电感器是家用电子产品电路图中最常见的元器件之一，根据种类的不同，电感器的符号也不同，电感器的符号见表1-6所列。

 4. 二极管符号

二极管是家用电子产品电路图中最常见的半导体器件之一，根据种类的不同，二极管的符号也不同，见表1-7所列。

表1-6　电感器的符号

电感器名称	文字符号	图形符号	电感器名称	文字符号	图形符号
普通电感器	L		带磁心的电感器	L	
可调电感器	L		带抽头的电感器	L	

表1-7　二极管的符号

二极管名称	文字符号	图形符号	二极管名称	文字符号	图形符号
普通二极管	VD		发光二极管	VD 或 LED	
光敏二极管	VD		稳压二极管	VZ	
变容二极管	VD		双向稳压管	VZ	
双向触发二极管	VD		—	—	—

5. 三极管符号

三极管是家用电子产品电路图中最常见的半导体器件之一，根据种类的不同，三极管的符号也不同，见表1-8所列。

表1-8　三极管的符号

三极管名称	文字符号	图形符号	三极管名称	文字符号	图形符号
NPN 三极管	VT		PNP 三极管	VT	
光敏三极管	VT		IGBT（绝缘栅双极）三极管	VT	

6. 场效应晶体管符号

场效应晶体管是家用电子产品电路图中最常见的半导体器件之一，根据种类的不同，场效应晶体管的符号也不同，见表1-9所列。

7. 晶闸管符号

晶闸管是家用电子产品电路图中最常见的半导体器件之一，根据种类的不同，晶闸管的符号也不同，见表1-10所列。

表 1-9　场效应晶体管的符号

场效应晶体管名称	文字符号	图形符号	场效应晶体管名称	文字符号	图形符号
N 沟道结型场效应晶体管	VT	G→├┤D S	P 沟道结型场效应晶体管	VT	G←├┤D S
N 沟道增强型场效应晶体管	VT	G├┤D S	P 沟道增强型场效应晶体管	VT	G├┤D S
N 沟道耗尽型场效应晶体管	VT	G├┤D S	P 沟道耗尽型场效应晶体管	VT	G├┤D S
耗尽型双栅 P 沟道场效应晶体管	VT	G2├┤D G1├ S	—	—	—

表 1-10　晶闸管的符号

晶闸管名称	文字符号	图形符号	晶闸管名称	文字符号	图形符号
阳极侧受控单向晶闸管	VS	阳极 A 控制极 G 阴极 K	阴极侧受控单向晶闸管	VS	阳极 A 控制极 G 阴极 K
可关断晶闸管（阳极侧受控）	VS	阳极 A 控制极 G 阴极 K	可关断晶闸管（阴极侧受控）	VS	阳极 A 控制极 G 阴极 K
双向晶闸管	VS	第二电极 T2 控制极 G 第一电极 T1	—	—	—

8. 光耦合器符号

光耦合器是家用电子产品电路中以光为媒介传输电信号的转换器件。光耦合器的符号如图 1-25 所示。

9. 电池符号

电池在家用电子产品的直流电路中用来表示直流电源，常见的电池符号有单个电池符号和电池组符号，见表 1-11 所列。

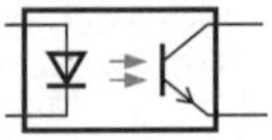

图 1-25　光耦合器的符号

表 1-11　电池符号

电池名称	文字符号	图形符号	电池名称	文字符号	图形符号
电池	GB	╧	电池组	GB	 ╧

第 2 章
家电维修工具仪表的使用

2.1 示波器的使用

2.1.1 示波器的功能特点

在家电的维修中，使用示波器可以方便、快捷、准确地检测出各关键测试点的相关信号，并以波形的形式显示在示波器的荧光屏上。通过观测各种信号的波形即可判断出故障点或故障范围，这也是维修家电内部电路板时最便捷的检修方法之一。

示波器可十分方便地检测家用电子产品的信号波形。如图 2-1 所示，将示波器探头接触检测点，便可通过屏幕上显示的实测波形判别故障。

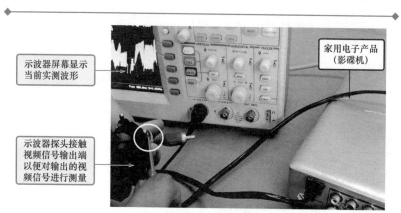

图 2-1 示波器检测家用电子产品输出信号的波形

图 2-2 所示为示波器在液晶电视机维修中的实际应用。示波器

可以用来检测数字平板电视机中的中频、视频、音频、控制、脉冲等信号，并根据检测结果判断故障部位。使用示波器感应液晶电视机逆变器电路中升压变压器信号波形，正常情况下可感应到脉冲信号波形，若无法检测到波形，或波形不正常，则说明前级电路中有损坏的部位。

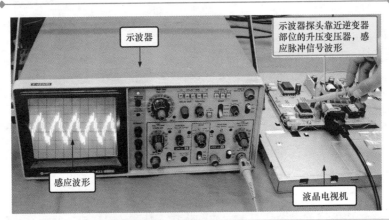

示波器

示波器探头靠近逆变器部位的升压变压器，感应脉冲信号波形

感应波形

液晶电视机

图 2-2　示波器在液晶电视机维修中的实际应用

2.1.2　示波器的结构特点

　　示波器的实物外形如图 2-3 所示。示波器的左侧为显示屏，用以显示测量的波形，右侧区域为键钮控制区域。探头连接区位于键钮控制区域的下方。

　　示波器的键钮控制区域主要可以细分为菜单键、探头连接区、垂直控制区、水平控制区、触发控制区、菜单功能区和其他按键。图 2-4 所示为典型数字示波器的键钮分布。

2.1.3　示波器的使用方法

1. 示波器的测量方法

　　使用示波器进行检测时，首先要将示波器的探头连接被测部位，使信号接入示波器中，被测信号接入示波器的方式如图 2-5。

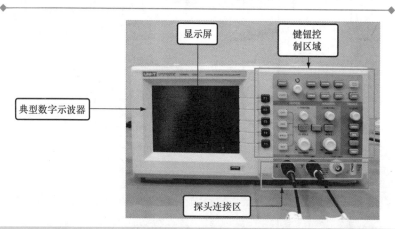

图 2-3　典型数字示波器的实物外形

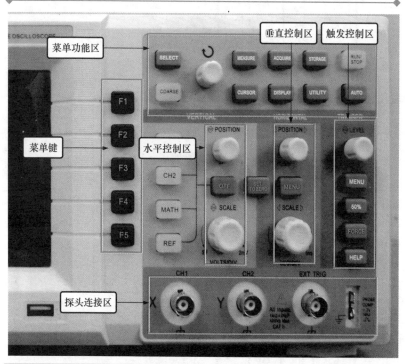

图 2-4　典型数字示波器的键钮分布

将信号源测试线中的黑鳄鱼夹与数字示波器的接地端连接

数字示波器接地端

黑鳄鱼夹

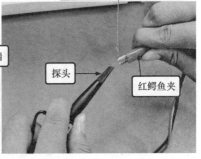

将红鳄鱼夹与数字示波器的探头进行连接

探头

红鳄鱼夹

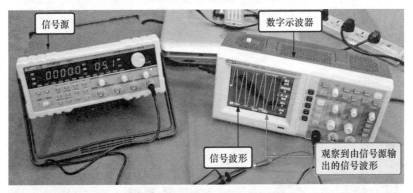

信号源

数字示波器

信号波形

观察到由信号源输出的信号波形

图 2-5　示波器信号的接入方式

示波器用于电子产品维修时，应先将电子产品拆开，再将示波器的探头接到电路中的元器件上（搭在元器件的引脚或引线上），对波形进行检测，例如检测彩色电视机中的晶振信号，具体操作方法如图 2-6 所示。

2. 示波器测量波形的调整

我们已经掌握了如何连接示波器以及检测信号波形的方法，下面讲解如何调整测量的波形，以便维修人员更好地分析数据、排除故障。

通常信号波形的调整可以分为水平位置与周期的调整、垂直位置与幅度的调整。

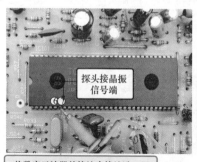

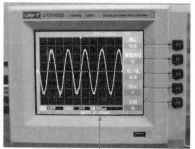

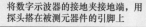

将数字示波器的接地夹接地端，用探头搭在被测元器件的引脚上

调整示波器，使屏幕上显示晶振信号波形

图2-6　彩色电视机中晶振信号的检测

（1）信号波形水平位置与周期的调整

示波器屏幕上显示的波形，主要可以分为水平系统和垂直系统两部分。其中水平系统是指波形在水平刻度线上的位置和周期，垂直系统是指波形在垂直刻度线上的位置和幅度。

图2-7所示为数字示波器显示波形垂直位置和水平位置的调整旋钮。其中，可调节波形水平位置和周期的旋钮称为水平位置调整旋钮和水平时间轴旋钮；可调节波形垂直位置和幅度的旋钮称为垂直位置调整旋钮和垂直幅度旋钮。

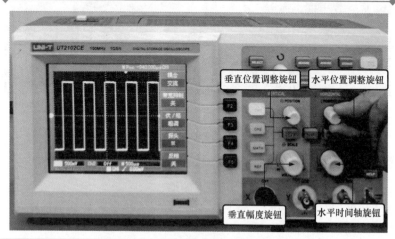

垂直位置调整旋钮　　水平位置调整旋钮

垂直幅度旋钮　　水平时间轴旋钮

图2-7　数字示波器显示波形垂直位置和水平位置的调整旋钮

波形水平位置的调整是由水平位置调整旋钮控制的，如图 2-8 所示。

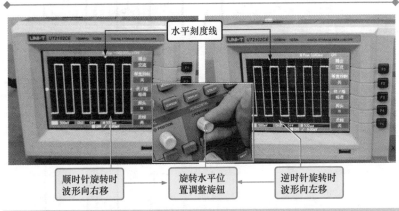

图 2-8　信号波形水平位置的调整

若波形的宽度（即周期）过宽或过窄时，则可使用水平时间轴旋钮进行调整，如图 2-9 所示。

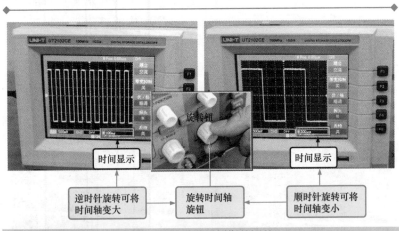

图 2-9　信号波形周期的调整

（2）信号波形垂直位置与幅度的调整

示波器显示的波形，垂直位置的调整是由垂直位置调整旋钮控制的，而垂直幅度的调整，则是由垂直幅度旋钮控制的。信号波形垂直位置和幅度的调整，如图 2-10 所示。

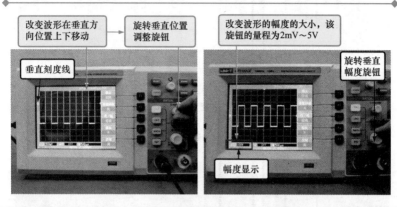

图 2-10　信号波形垂直位置和幅度的调整

2.2　万用表的使用

2.2.1　万用表的功能特点

万用表是维修家电的必备仪表。在家电维修中，维修人员主要依靠万用表对电路或电子元器件进行性能测量，检测电路的电压值，元器件以及零部件的电阻值，然后根据测量结果判别被测电路或元器件是否存在故障，这是电子产品检测中最常用的检测方法。由于只是判别好坏，因此，对用于家电维修的万用表没有特别高的要求，只是测量功能尽可能多样，以满足不同的测量需求。图 2-11 所示为万用表在家电维修中的应用。

2.2.2　万用表的结构特点

 1. 指针式万用表的结构特点

指针式万用表又称模拟万用表，这种万用表在测量时，通过表盘下面的功能旋钮设置不同的测量项目和档位，并通过表盘指针指示的方式直接在表盘上显示测量的结果，其最大的特点就是能够直观地检测出电流、电压等参数的变化过程和变化方向。

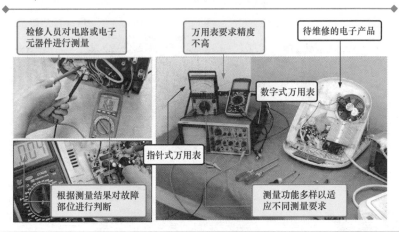

图 2-11　万用表在家电维修中的应用

图 2-12 所示为典型指针式万用表的外形结构。指针式万用表根据外形结构的不同，常用的有单旋钮指针式万用表和双旋钮指针式万用表。

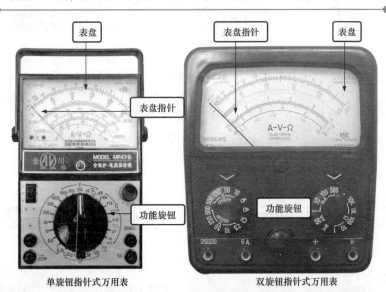

单旋钮指针式万用表　　　　双旋钮指针式万用表

图 2-12　典型指针式万用表的外形结构

　　指针式万用表的功能有很多，在检测中主要是通过调节功能旋钮来实现不同功能的切换，因此在使用指针式万用表检测家电产品前，应先熟悉指针式万用表的键钮分布以及各个键钮的功能，如图2-13所示。

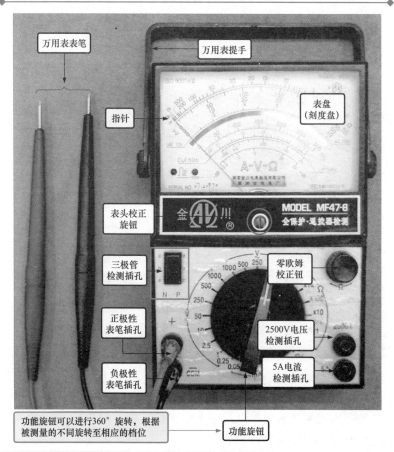

图2-13　典型指针式万用表的键钮分布

　　由上图可知，指针式万用表主要有表头校正旋钮、功能旋钮、零欧姆校正钮、三极管检测插孔、表笔插孔、表笔等。

 2. 数字式万用表的结构特点

数字式万用表又称数字多用表，采用了先进的数字显示技术。

测量时，通过液晶显示屏下面的功能旋钮设置不同的测量项目和档位，并通过液晶显示屏直接将所测量的电压、电流、电阻等测量结果显示出来，其最大的特点就是显示清晰、直观、读取准确，既保证了读数的客观性，又符合人们的读数习惯。

图 2-14 所示为典型数字式万用表的外形结构。数字式万用表根据量程转换方式的不同，可分为手动量程选择式数字万用表和自动量程变换式数字万用表。

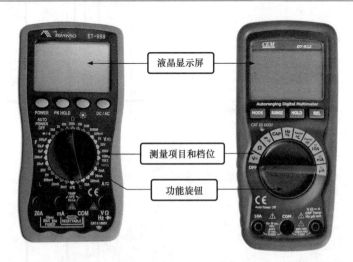

液晶显示屏

测量项目和档位

功能旋钮

手动量程选择式数字万用表　　　　　　　自动量程变换式数字万用表

图 2-14　典型数字式万用表的外形结构

数字式万用表的功能有很多，在检测中主要是通过调节不同的功能档位来实现的，因此在使用数字式万用表检测家电产品前，应先熟悉万用表的键钮分布以及各个键钮的功能。图 2-15 所示为典型数字式万用表的键钮分布。

2.2.3　万用表的使用方法

掌握万用表的操作方法是维修人员必备的基础技能。万用表的规格种类不同，其操作方法也不相同。下面分别以指针式万用表和数字式万用表为例，介绍其测量方法以及如何读取测量结果。

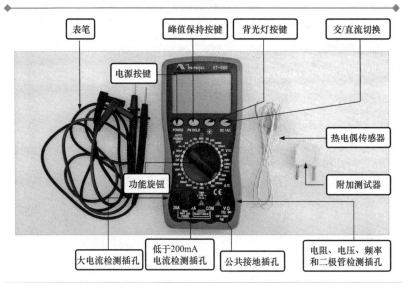

图 2-15　典型数字式万用表的键钮分布

 1. 万用表的测量方法

万用表是家电维修中的主要检测仪表。通过万用表，家电维修人员可以实现电阻、电压、电流、电容量等多种检测。一般来说，目前常用的万用表主要有指针式和数字式，这两种万用表虽然原理和显示方式存在区别，但使用方法基本类似。下面通过实际的测量训练学会万用表的规范操作技能。

使用万用表进行检修测量时，首先将万用表的两根表笔分别插入万用表相应的表笔插孔中。其操作示意如图 2-16 所示。

提示

通常，根据习惯，红色表笔插接在"正极性"表笔插孔中，测量时接高电位；黑色表笔插接在"负极性"表笔插孔中，测量时接低电位。

表笔插接好后要根据测量需求（测量对象）选择测量项目，调整测量方位（量程调整），如图 2-17 所示。对万用表测量项目及量程的选择调整是通过万用表上的功能旋钮实现的。

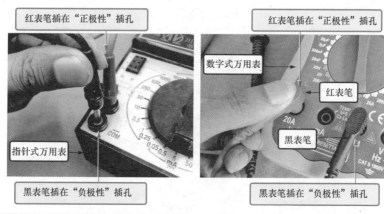

红表笔插在"正极性"插孔

红表笔插在"正极性"插孔

数字式万用表

红表笔

黑表笔

指针式万用表

黑表笔插在"负极性"插孔

黑表笔插在"负极性"插孔

图 2-16　连接表笔

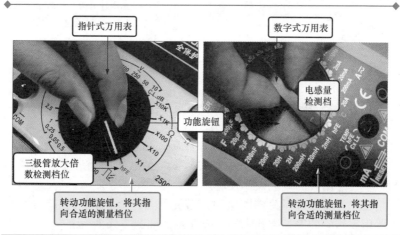

指针式万用表

数字式万用表

电感量检测档

功能旋钮

三极管放大倍数检测档位

转动功能旋钮，将其指向合适的测量档位

转动功能旋钮，将其指向合适的测量档位

图 2-17　调整万用表的量程

　　量程设置完毕，即可将万用表的表笔分别接触待测电路（或元器件）的测量端，便可根据表盘指示，读取测量结果，如图 2-18 所示。

提示

　　值得注意的是，如果使用指针式万用表，在测量之前，还需观察万用表表盘的指针是否指向零位。如果指针不在零位，还需对指针式万用表进行机械调零，以确保测量准确。机械调零的方法如图2-19所示。

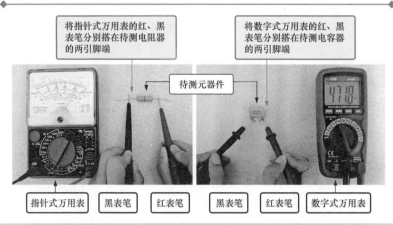

将指针式万用表的红、黑表笔分别搭在待测电阻器的两引脚端

将数字式万用表的红、黑表笔分别搭在待测电容器的两引脚端

待测元器件

指针式万用表　　黑表笔　　红表笔　　黑表笔　　红表笔　　数字式万用表

图2-18　将表笔分别接触待测元器件的测量端

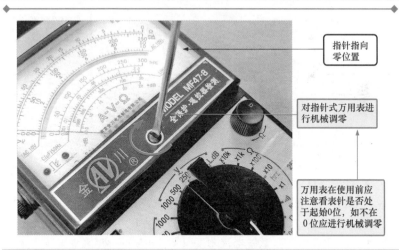

指针指向零位置

对指针式万用表进行机械调零

万用表在使用前应注意看表针是否处于起始0位，如不在0位应进行机械调零

图2-19　指针式万用表机械调零的方法

2. 万用表测量结果的读取方法

　　家电维修人员主要根据万用表表盘的指针指示或数字显示来读取测量结果，并以此作为故障判别的重要依据。因此，正确快速地

识读测量结果对家电维修人员非常重要。由于指针式万用表和数字式万用表测量结果的显示方式不同，我们会分别介绍两种万用表的测量结果的读取方法。

（1）指针式万用表测量结果的读取方法

如图 2-20 所示，指针式万用表的表盘上分布有多条刻度线，这些刻度线以同心弧线的方式排列，每一条刻度线上还标示出了许多刻度值。

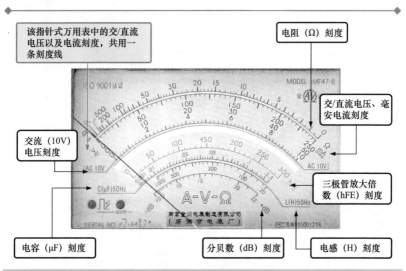

图 2-20　指针式万用表的刻度盘

扩展

- 电阻（Ω）刻度：电阻（Ω）刻度位于表盘的最上面，在它的右侧标有"Ω"标识，仔细观察，不难发现电阻刻度呈指数分布，从右到左，由疏到密。刻度值最右侧为 0，最左侧为无穷大。

- 交/直流电压、毫安电流刻度（$\underset{\sim}{V}$、$\underset{\text{- - -}}{mA}$）：交/直流电压、毫安电流刻度位于刻度盘的第二条线，在其右侧标识有"$\underset{\text{- - -}}{mA}$"，左侧标识为"$\underset{\sim}{V}$"，表示这两条线是测量直流电压和直流电流时所要读取的刻度，它的 0 位在线的左侧，在这条刻度盘的下方有两排刻度值与它的刻度相对应。

- 交流（10V）电压刻度：交流（10V）电压刻度位于表盘的第三条线，在刻度线两侧的标识为"AC 10V"，表示这条线是测量交流电压时所要读取刻度，它的 0 位在线的左侧。

- 三极管放大倍数（hFE）刻度：三极管放大倍数（hFE）刻度位于刻度盘的第四条线，在右侧标有"hFE"，其 0 位在刻度盘的左侧。

- 电容（μF）刻度：电容（μF）刻度位于刻度盘的第五条线，在该刻度的左侧标有"C（μF）50Hz"的标识，表示检测电容时，需要使用 50Hz 交流信号的条件下进行电容器的检测，方可通过该刻度盘进行读数。其中"（μF）"表示电容的单位为 μF。

- 电感（H）刻度：电感（H）刻度位于刻度盘的第六条线，在右侧标有"L（H）50Hz"的标识，表示检测电感时，需要使用 50Hz 交流信号的条件下进行电感的检测，方可通过该刻度盘进行读数。其中"（H）"表示电感的单位为 H。

- 分贝数（dB）刻度：分贝数（dB）刻度是位于表盘最下面的第七条线，在该刻度线的两侧分别标有"−dB""+dB"，刻度线两端的"−10"和"+22"表示其量程范围，主要是用于测量放大器的增益或衰减值。

读取指针式万用表的测量结果，主要是根据指针式万用表的指示位置，结合当前测量的量程设置在万用表表盘上找到对应的刻度线，然后按量程换算刻度线的刻度值，最终读取出指针所指向刻度值的实际结果。

① 电阻值测量结果的读取训练

如果在测量电阻时，我们选择的是"×10"电阻档，若指针指向图中所示的位置（10），如图 2-21 所示。读取电阻值时，由倍数关系可知，所测得的电阻值为：$10 \times 10 = 100\Omega$。

若将量程调至"×100"电阻档时，指针指向 10 的位置上，如图 2-22 所示。读取电阻值时，由倍数关系可知，所测得的电阻值为：$10 \times 100 = 1000\Omega$。

② 直流电流测量结果的读取训练

指针式万用表的量程一般可以分 0.05mA、0.5mA、5mA、50mA、

500mA 等，使用指针式万用表进行直流电流的检测时，由于电流的刻度盘只有一列"0～10"，因此无论是使用"直流 50μA"电流档、"直流 0.5mA"电流档、"直流 5mA"电流档、"直流 50mA"电流档还是"直流 500mA"电流档，进行检测时都应进行换算，即使用指针的位置 ×（量程的位置/10）。

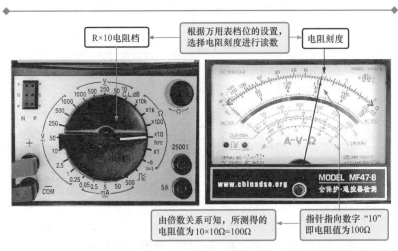

R×10电阻档

根据万用表档位的设置，选择电阻刻度进行读数

电阻刻度

由倍数关系可知，所测得的电阻值为 10×10Ω=100Ω

指针指向数字"10"即电阻值为100Ω

图 2-21　选择"×10"电阻档时的读数方法

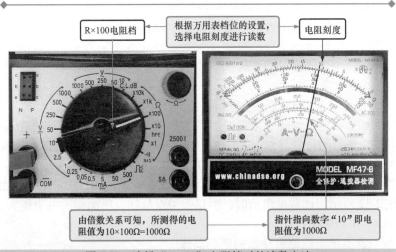

R×100电阻档

根据万用表档位的设置，选择电阻刻度进行读数

电阻刻度

由倍数关系可知，所测得的电阻值为 10×100Ω=1000Ω

指针指向数字"10"即电阻值为1000Ω

图 2-22　选择"×100"电阻档时的读数方法

例如，选择"直流0.05mA"电流档进行检测时，若指针指向如图2-23所示的位置，所测得的电流值为0.034mA。

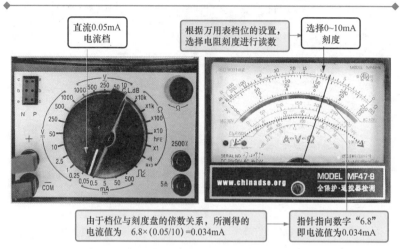

图2-23　选择"直流0.05mA"电流档进行检测时的读数方法

若测量数据超过万用表的最大量程，就需要选用更大量程的万用表进行测量。例如，测量的电流大于500mA，需要使用"直流10A"电流档进行检测，将万用表的红表笔插到"DC 10A"的位置上，再进行读数，如图2-24所示，通过刻度盘上0～10的刻度线，可直接读出为6.8A。

③ 直流电压测量结果的读取训练

在选择"直流10V"电压档、"直流50V"电压档、"直流250V"电压档进行检测时，均可以通过指针和相应的刻度盘位置直接读数，并不需要进行换算，而使用"直流2.5V"电压档、"直流25V"电压档以及"直流1000V"电压档进行检测时，则需要根据刻度线的位置进行相应的换算。

例如，若选择"直流2.5V"电压档进行检测时，指针指向如图2-25所示的位置上，读取电压值时，选择0～250刻度盘进行读数，由于档位与刻度盘的倍数关系，所测得的电压值为175×（2.5/250）V=1.75V。

选择"直流10V"电压档进行检测时，若指针指向如图2-26所示的位置上，读取电压值时，选择0～10刻度盘进行读数，可读出电压值为7V。

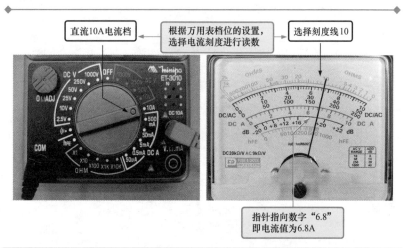

直流10A电流档

根据万用表档位的设置，选择电流刻度进行读数

选择刻度线10

指针指向数字"6.8"即电流值为6.8A

图2-24　选择"直流10A"电流档进行检测时的读数方法

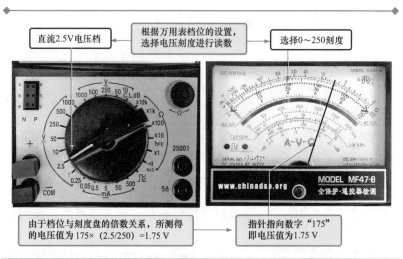

直流2.5V电压档

根据万用表档位的设置，选择电压刻度进行读数

选择0～250刻度

由于档位与刻度盘的倍数关系，所得的电压值为175×（2.5/250）=1.75 V

指针指向数字"175"即电压值为1.75 V

图2-25　选择"直流2.5V"电压档进行检测时的读数方法

（2）数字式万用表测量结果的读取方法

数字式万用表的测量结果主要以数字的形式直接显示在显示屏上。读取时，结合显示数值周围的字符及标识即可直接识读测量结果，图2-27所示为典型数字式万用表的液晶显示屏。

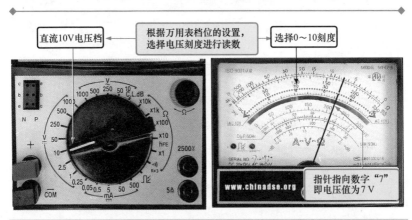

图 2-26　选择"直流 10V"电压档进行检测时的读数方法

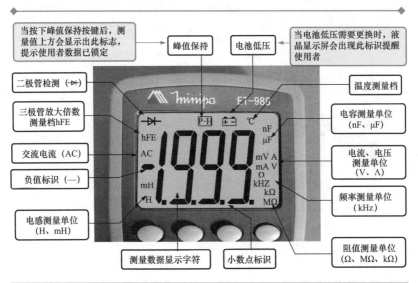

图 2-27　典型数字式万用表的液晶显示屏

① 电容量测量结果的读取训练

数字式万用表通常有 2nF、200nF、100μF 等电容量档位，可以检测 100μF 以下的电容器电容量是否正常。

使用数字式万用表测量电容量，其数据可直接读取，图 2-28 所示为测量电容量数据的读取，分别为 0.018nF 和 2.9μF。

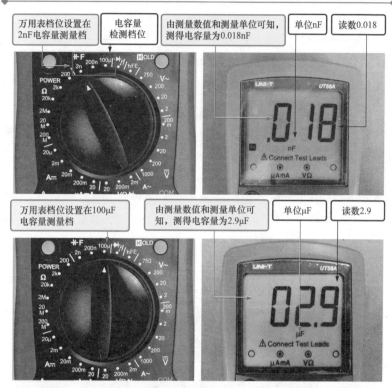

图 2-28　数字式万用表测量电容量数据的读取训练

② 交流电流测量结果的读取训练

数字式万用表通常包括 2mA、200mA 以及 20A 等交流电流档位，可以用来检测 20A 以下的交流电流值。将数字式万用表调至交流电流档时，液晶显示屏上会显示出交流标识。

使用数字式万用表检测交流电流值时，需要将其调至交流电流测量档"A～"，数据可直接读取，液晶显示屏在检测功能标识处有交流"AC"标识，如图 2-29 所示，读取的数值为交流 7.01A。

③ 交流电压测量结果的读取训练

数字式万用表一般包括 2V、20V、200V 以及 750V 等交流电压档位。可以用来检测 750V 以下的交流电压。

使用数字式万用表测量交流电压值，其数据可直接读取，液晶显示屏在检测功能标识处有交流"AC"标识，如图 2-30 所示，读取的数值为交流 21.2V。

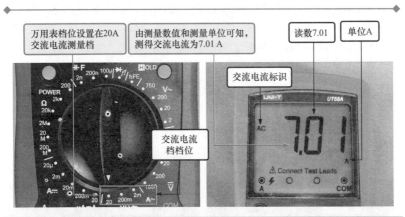

图 2-29　数字式万用表测量交流电流值数据的读取训练

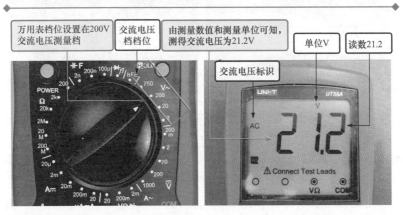

图 2-30　数字式万用表测量交流电压值数据的读取训练

2.3　电烙铁的使用

2.3.1　电烙铁的功能特点

　　电烙铁是一种应用十分广泛的焊接工具，其具有方便小巧，易于操作，价格便宜等特点，因此很受维修人员喜欢。家电内部电路板元器件进行拆焊或焊接操作时，电烙铁是最常使用到的焊接工具。

图 2-31 所示为电烙铁在家电维修中的应用。电烙铁的作用主要是通过热熔的方式修复电路板安装连接功能部件或更换电子元器件等。

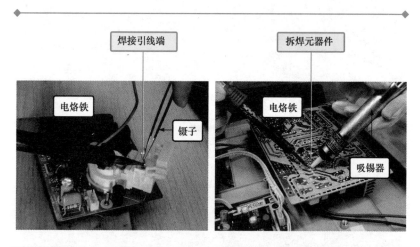

图 2-31　电烙铁在家电维修中的应用

2.3.2　电烙铁的结构特点

电烙铁是手工焊接、补焊、代换元器件的最常用工具之一。根据不同的加热和使用特点，可分为内热式、外热式以及吸锡式等，图 2-32 所示为常用电烙铁的实物外形。

内热式电烙铁加热速度快、功率小、耗电低，适于焊接小型元器件；外热式电烙铁功率大，适合大器件的焊接；恒温式电烙铁可以通过电控（或磁控）的方式准确地控制焊接温度，因此常应用于对焊接质量要求较高的场合；吸锡式电烙铁则将吸锡器与电烙铁的功能合二为一，非常便于在拆焊焊接的环境中使用。此外，根据焊接产品的要求，还有防静电式和自动送锡式等特殊电烙铁。

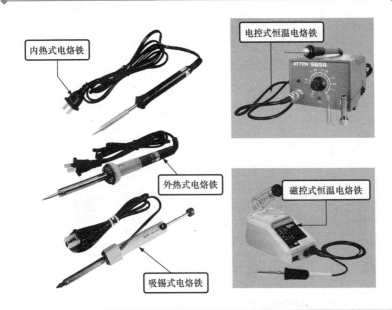

图 2-32　常用电烙铁的实物外形

扩展

　　家电维修人员在进行元器件拆装、代换的操作时，经常使用吸锡器和助焊剂辅助电烙铁作业，图 2-33 所示为吸锡器和焊接辅料的实物外形。

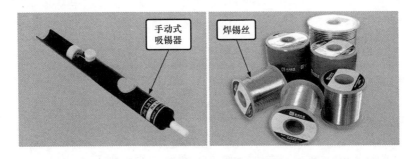

图 2-33　吸锡器和焊接辅料的实物外形

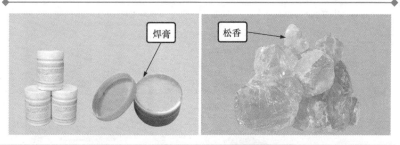

图 2-33　吸锡器和焊接辅料的实物外形（续）

2.3.3　电烙铁的使用方法

在使用电烙铁对元器件进行焊接时要采用正确的焊接姿势，掌握正确的操作方法，即规范使用电烙铁并严格按照操作规范实施焊接操作。下面，将结合实例为大家演示规范使用电烙铁拆焊和焊接的操作方法。

 1. 使用电烙铁拆焊元器件

在家电维修中，元器件的代换经常要用到电烙铁对损坏的元器件进行拆焊，因此使用电烙铁拆焊元器件是维修人员必须掌握的操作技能，具体的操作步骤如下。

（1）拆焊操作的正确姿势

手握电烙铁时可采用握笔法、反握法和正握法三种形式，其中，握笔法是最常见的姿势；反握法动作稳定，适于操作大功率电烙铁；正握法适于操作中等功率电烙铁，如图 2-34 所示。

图 2-34　电烙铁的正确握法

（2）拆焊操作的方法

在使用电烙铁时，电烙铁要进行预加热。当电烙铁达到工作温度后，要用右手握住其握柄处，左手握住吸锡器，对需要拆焊的元器件进行拆焊，操作方法如图2-35所示。

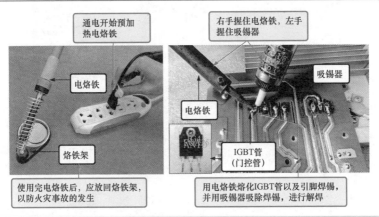

通电开始预加热电烙铁

电烙铁

烙铁架

使用完电烙铁后，应放回烙铁架，以防火灾事故的发生

右手握住电烙铁，左手握住吸锡器

吸锡器

电烙铁

IGBT管（门控管）

用电烙铁熔化IGBT管以及引脚焊锡，并用吸锡器吸除焊锡，进行解焊

图2-35　拆焊元器件的方法

 2. 使用电烙铁焊接元器件

在家电维修中，维修人员在排除故障后，常会用电烙铁为电路板损坏的部位焊接上新的元器件，因此使用电烙铁焊接元器件是维修人员必须掌握的操作技能。下面演示其具体的操作步骤：

（1）焊接操作的正确姿势

由于焊接工具工作温度很高，并且所使用的助焊剂挥发气体对人是有害的，因此焊接操作姿势的正确与否是非常重要的。

图2-36所示为焊接操作的正确姿势，操作者头部与电烙铁保持在30cm以上，环境保持通风，左手拿焊锡丝，右手握电烙铁。

（2）焊接操作的方法

在元器件、电路板、焊锡丝、电烙铁等工具准备好后，将电烙铁通电加热，准备进行焊接。

将烙铁头接触焊接点，使焊接部位均匀受热。当焊点温度达到需求后，电烙铁蘸取少量助焊剂，将焊锡丝置于焊点部位，电烙铁将焊锡丝熔化并润湿焊点。当熔化了一定量的焊锡后将焊锡丝移开，所熔化的焊锡不能过多也不能过少。当焊锡完全润湿焊点，覆盖范围达到要求后，电烙铁与电路板成45°夹角移开，如图2-37所示。

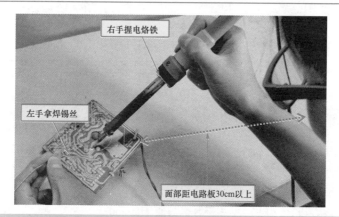

右手握电烙铁

左手拿焊锡丝

面部距电路板30cm以上

图 2-36　焊接操作的正确姿势

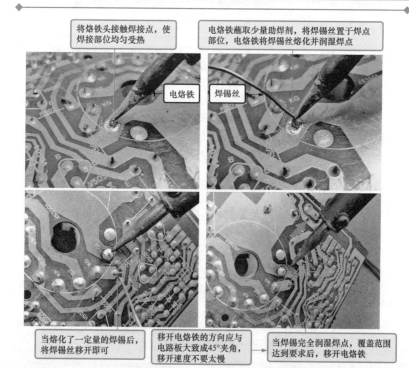

将烙铁头接触焊接点，使焊接部位均匀受热

电烙铁蘸取少量助焊剂，将焊锡丝置于焊点部位，电烙铁将焊锡丝熔化并润湿焊点

电烙铁　焊锡丝

当熔化了一定量的焊锡后，将焊锡丝移开即可

移开电烙铁的方向应与电路板大致成45°夹角，移开速度不要太慢

当焊锡完全润湿焊点，覆盖范围达到要求后，移开电烙铁

图 2-37　焊接元器件的方法

（3）焊接质量的检查

对于良好的焊点，焊料与被焊接金属界面上应形成牢固的合金层，才能保证良好的导电性能，且焊点也具备一定的机械强度。在外观方面，焊点的表面应光亮、均匀且干净清洁，不应有毛刺、空隙等瑕疵，如图 2-38 所示。

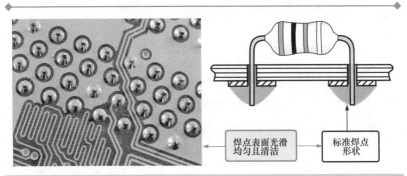

图 2-38　焊接良好的焊点

2.4　热风焊机的使用

2.4.1　热风焊机的功能特点

热风焊机是专门用来拆焊、焊接贴片元器件和贴片集成电路的焊接工具。维修人员可以通过调节热风焊机的风量和温度，选择不同的喷嘴，使热风焊机适用于各种大小、规格的贴片元器件的代换。图 2-39 所示为热风焊机在家电维修中的应用。

2.4.2　热风焊机的结构特点

热风焊机主要由机身和热风焊枪组成。机身和热风焊枪通过导风管连接，在机身上设有电源开关、温度调节旋钮和风量调节旋钮。在进行元器件的拆卸和焊接时根据焊接部位的大小选择适合的喷嘴即可。图 2-40 所示为热风焊机的外部结构。

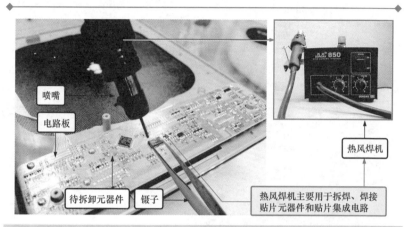

喷嘴

电路板

待拆卸元器件

镊子

热风焊机

热风焊机主要用于拆焊、焊接贴片元器件和贴片集成电路

图 2-39　热风焊机在家电维修中的应用

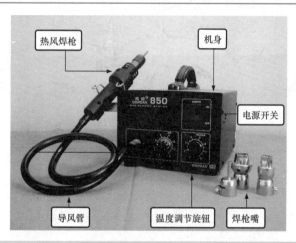

热风焊枪

机身

电源开关

导风管

温度调节旋钮

焊枪嘴

图 2-40　热风焊机的外部结构

2.4.3　热风焊机的使用方法

　　家电产品中的贴片元器件体积较小、集成度高，均采用自动化安装，因此其引脚都已标准化，焊接之前无需对引脚进行加工，多采用热风焊枪吹焊的方式。下面，将结合实例演示规范使用热风焊机拆焊和焊接的操作方法。

1. 使用热风焊机拆除贴片元器件

在家电维修中，电路板上损坏的贴片元器件常使用热风焊机进行拆焊。热风焊机拆除贴片元器件的操作主要可分为三个步骤：一是通电开机；二是调整温度和风量；三是进行拆焊。

（1）通电开机

将热风焊机的电源插头插到插座中，用手拿起热风焊枪，然后打开电源开关，如图2-41所示。机器启动后，注意不要将焊枪的枪嘴靠近人体或可燃物。

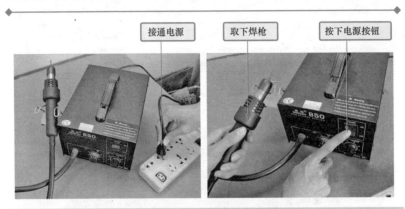

接通电源　　取下焊枪　　按下电源按钮

图2-41　通电开机

（2）调整温度和风量

调整热风焊机面板上的温度调节旋钮和风量调节旋钮，如图2-42所示。两个旋钮都有八个档位，通常将温度旋钮调至5~6档，风量调节旋钮调至1~2档或4~5档即可。

（3）进行拆焊

在温度和风量调整好后，等待几秒钟，待热风焊枪预热完成后，将焊枪口垂直悬空放置于贴片元器件引脚上，并来回移动进行均匀加热，直到引脚焊锡溶化，如图2-43所示。

 2. 使用热风焊机吹焊贴片元器件

在家电维修中，电路板上贴片元器件的代换主要使用热风焊机。热风焊机吹焊贴片元器件的操作主要可分为对贴片元器件的焊接操作以及对贴片元器件焊接质量的检查。

图 2-42　调整温度和风量

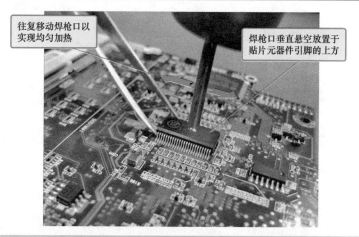

图 2-43　对贴片元器件进行拆焊

（1）使用热风焊机进行焊接

① 更换焊枪嘴

根据贴片元器件引脚的大小和形状，选择合适的圆口焊枪嘴进行更换，如图 2-44 所示，使用十字槽螺钉旋具拧松焊枪嘴上的螺钉，更换焊枪嘴。

提示

针对不同封装的贴片元器件，需要更换不同型号的专用焊枪嘴，例如，普通贴片元器件需要使用圆口焊枪嘴；贴片式集成电路需要使用方口焊枪嘴。

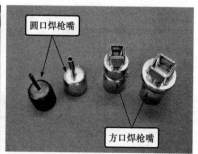

图 2-44　更换焊枪嘴

② 涂抹助焊剂

在焊接元器件的位置上涂上一层助焊剂，然后将贴片元器件放置在规定位置上，可用镊子微调贴片元器件的位置，如图 2-45 所示。若焊点的焊锡过少，可先熔化一些焊锡再涂抹助焊剂。

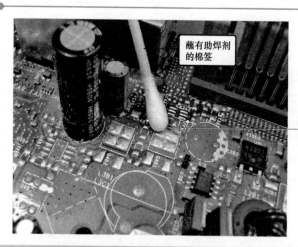

图 2-45　涂抹助焊剂

③ 调节温度和风量

打开热风焊机上的电源开关，对热风焊枪的加热温度和送风量进行调整。对于贴片元器件，选择较高的温度和较小的风量即可满足焊接要求。将温度调节旋钮调至 5 ~ 6 档，风量调节旋钮调至 1 ~ 2 档，如图 2-46 所示。

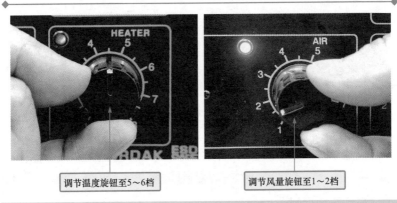

调节温度旋钮至5~6档　　　调节风量旋钮至1~2档

图 2-46　调节温度和风量

④ 进行焊接

热风焊机预热完成后，将焊枪垂直悬空置于贴片元器件引脚上方，对引脚进行加热。加热过程中，焊枪嘴在各引脚间做往复移动，均匀加热各引脚，如图 2-47 所示。当引脚焊料熔化后，先移开热风焊枪，待焊料凝固后，再移开镊子。

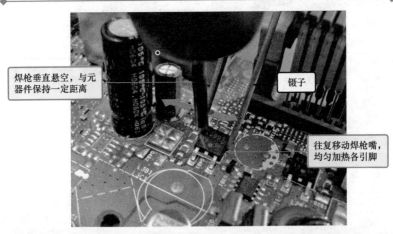

焊枪垂直悬空，与元器件保持一定距离

镊子

往复移动焊枪嘴，均匀加热各引脚

图 2-47　焊接贴片元器件

（2）焊接质量的检查

对于贴片元器件，焊点要保证平整，焊锡要适量，不要太多，以免出现连焊，如图 2-48 所示。

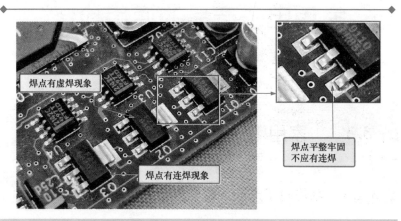

焊点有虚焊现象

焊点有连焊现象

焊点平整牢固不应有连焊

图 2-48　焊接良好的焊点

第 3 章
家用电子产品的通用检修经验与检修安全

3.1 家用电子产品的通用检修经验

3.1.1 家用电子产品的检修规律

 1. 基本的检修顺序

家电产品的检修过程就是分析故障、诊断故障、检测可疑电路、调整和更换零部件的过程。在整个过程中分析、诊断和检修故障是重要的环节，没有分析和诊断，检修必然是盲目的。

所谓分析和诊断故障就是根据故障现象，及故障发生后所表现出的征兆，诊断出可能导致故障的电路和部件。

由于不同电子产品的电路及结构的复杂性不同，在实际的检修过程中，仅靠分析和诊断还不能完全诊断出故障的确切位置，还需要借助于检测和试调整等手段。

在检修电子产品时，如何在数以千计的电子元器件中找到故障点，是维修的关键。要做到这一点，必须遵循科学的方法，掌握故障的内在规律。对于初学电子产品维修的人员来说，遇到故障机，先从哪里入手，怎样进行故障的分析、推断和检修是十分重要的问题。

一般来说，检修家电产品可遵循以下四个基本步骤：

（1）了解并确定故障的症状

确定症状是指，必须知道设备正常工作时是做什么的，更重要的是能辨别出什么时候设备没有正常工作。

例如，电视机有操作部分，还有扬声器和显像管或液晶显示屏。

利用扬声器和显像管或液晶显示屏产生的正常现象和不正常的症状，我们必须通过分析症状来回答"这部电视机本来好好地工作，什么地方可能有毛病才产生这些症状？"

在确定故障这一步骤里，不要急于动手拆卸设备，也不要忙于动用测试设备，而是要认真做一次直观检查，注意询问与出现故障前后相关的现象。

询问故障具体现象，进而判断故障出在机内还是机外，是"软"故障还是硬故障；

询问时间，即询问机器购买和使用的时间，根据时间可以判断是早期、中期或晚期故障，从而采取相应的对策；

询问使用，确认用户使用情况及操作是否正确，如音响产品中的操作按键切换较多，可能使有些功能处于"关闭"状态，而导致的"无法工作故障"；

询问检修历程，询问用户该设备是否有过检修历史，当时故障是什么，哪里的问题，是否修好等，根据这些情况判断现在的故障与过去的故障是否有联系等。

最后，进行一次操作检查，利用产品上的可操作部件，如各种开关、旋钮等，在操作过程中注意哪些性能正常，哪些不正常，由此通过调节控制部分进一步得到更多的信息。

⑨ 提示

在检修过程中认真查证和确认故障现象是不可忽视的第一步，如果故障查证不准，必然会引起判断错误，往往要浪费很多时间。收到故障机之后，不但要听取用户对故障的说明，而且要亲自查证一下，并进行一些操作和演示，以排除假象。

（2）分析和推断故障，将故障区缩小到功能单元或微型组件

分析和推断故障就是根据故障现象揭示出导致故障的原因。每种电路的故障或机械零部件的失灵都会有一定的症状，都存在着某种内在的规律。然而在实际上不同的故障却可能表现出相同的形式，所以从一种故障现象往往会推断出几种故障的可能性，而且一些家电产品，如音响、电视产品等电路结构的复杂性，更是给分析和推断带来了很多困难。

通常在该步骤中，我们可以利用各种图纸资料帮助分析和判断，如常见的电路原理图、框图、元器件安装图、印制电路板图等，根据这些图纸资料将一个复杂的电子设备电路细分成若干单元或若干有确定目的或功能区域。例如，一台彩色电视机，可以根据图纸资料将其分为音频部分、视频部分、控制部分、电源部分和显像管（或液晶显示器），那么当电视机出现控制失常时，则可重点分析是否在控制电路部分；当电视机无声音时，则可重点分析音频电路部分；等等。

（3）检测故障

在一些电子产品的检修过程中，通过分析和推断，可以判断出故障的大体范围。但若要确定故障部位，还需进行仔细的检测，也就是要找到具体的故障元器件，如是集成电路损坏，还是三极管或电阻器、电容器损坏等。检测的内容主要是主信号通道上的输入输出波形，公共通道上的输入输出电压值等，若检测到有信号失落或衰落、电压输出不稳或无输出，则基本上就找到了故障的部位或线索。

例如，对于控制电路的检测时，其核心的微处理器一般为大规模的集成电路，对该电路模块的检查一般从其相关引脚的外围元器件入手，还要检查信号通过时是否有短路或断路的情况，测量通道上各点对地的阻抗，如果出现与地短路的情况或是出现阻抗为无穷大（100kΩ 以上），则相关元器件有短路或断路情况，这必然导致无信号的故障。通过这样的测量也就找到了故障的元器件，更换这些损坏的元器件即可排除故障。

（4）排除故障

通过上述的三个步骤便可以找到相应的故障根源。找到故障的根源可以说解决了问题的一大半，接下来就要排除故障，该步骤一般包括以下三方面工作：

① 对故障零件的修复。如组合音响中的电位器、开关、接插件等的修复，变形不太严重的部件的修复等；

② 更换零件。对于无法修复的元器件、部件要进行更换。

③ 更换零件后对相关部分的调整。不论是修复还是更换零件，有时需要重新调整相关部分，如更换中频变压器后需要重调中频等，这一点非常重要。

在该步骤中，往往要涉及调试、拆卸及焊接的操作。在该程序中要求维修人员的操作规范，且符合调试及装焊的工艺要求。

❓ 提示

　　到此为止，我们已经建立了综合的维修规律，但如果出现经过上述四个步骤后仍没有发现所怀疑的电路有什么故障，即各种波形、电压测量值、电阻测量值都是正常的，那么下一步应该怎么办呢？

　　此时，我们应该从观察测量和其他事实证据得出正确的结论，不要一味地假设"设备没有故障"、"没法修理要送回原厂"等，此时应本着谨慎的原则重复进行查找故障的步骤（第一步），因为任何人，甚至有经验的技术人员也难免出现差错，系统地执行查找步骤将使差错减少到最小。

 2. 基本的检修原则

　　为了能够快速地形成对产品故障的判断，顺利地发现故障所在，而不至于扩大故障范围造成新的故障，我们特提出几条检修的基本原则。

　　（1）先"静"后"动"

　　① 机器要先"静"后"动"

　　这里"静"是指不通电的状态；"动"是指通电后的状态。要根据对故障揭示的情况，来决定是否通电。如果用户已说明机器发生过冒烟、有烧焦味等现象时，就不要轻易通电。应先打开机器，检查一下电源变压器、整流、稳压电路、电机等有无异常现象，然后再决定是否通电检查。

　　② 维修人员先"静"后"动"

　　在开始检修时，维修人员要先"静"下来，不要盲目动手，要根据掌握的资料和故障现象，对故障原因从原理、结构、电路上进行分析，形成初步的判断，确定好方向，然后再动手。

　　③ 电路要先"静"后"动"

　　这里"静"是指无信号时静态工作状态和直流工作点；"动"是指有信号时的动态工作状态。就是说，对整机电路工作状态的检查，要先查直流电路，包括供电、偏置、直流工作点等；后检查交流电路，如耦合、旁路、反馈等。一般一个出厂产品在设计时已保证了在静态正确的基础上有一个合乎要求的动态范围，如果没有交流方面的故障，那么静态正常后，动态一般也正常。

（2）先"外"后"内"

先"外"后"内"是指先排除机器设备本身以外的故障，再检修内部。例如，一台数码影碟机不读盘，或读盘过程中卡的厉害，更换光盘后正常，说明影碟机本身并无故障。

（3）先"共"后"专"

在前述检修步骤中分析和推断故障缩小范围时，要先考虑共用电路，后考虑专用电路；如组合音响共用的音频放大电路、电源电路，电动产品中的控制驱动电路、电源电路等。

（4）先"多"后"少"

分析机器某一故障的原因时，要首先考虑最常见的多发性原因，然后再考虑罕见的原因。在常见的家用电子产品中，出现故障的许多部位有相似之处，特别是同类机型，先考虑常见的多发性原因，通常可以提高维修的速度。要做到这一点，需要维修人员了解家用电子产品各类故障所占的比例，这就需要在检修过程中注意经验的积累。

3.1.2　家用电子产品的通用检修方法

常见的电子产品电路检修方法主要有直观检查法、对比代换法、信号注入和循迹法以及电阻、电压检测法。

 1. 直观检查法

直观检查法是维修判断过程的第一步骤，也是最基本、最直接、最重要的一种方法，主要是通过看、听、嗅、摸来判断故障可能发生的原因和位置，记录其发生时的故障现象，从而有效地制定解决办法。

在使用观察法时应该重点注意以下几个方面：

（1）观察电子产品是否有明显的故障现象，如是否存在元器件脱焊断线，电动机是否转动，印制电路板有无翘起、裂纹等现象并记录下来，以此缩小故障判断的范围。

采用观察法检查电子产品的明显故障实例见图3-1。

（2）听产品内部有无明显声音，如继电器吸合、电动机磨损噪声等；

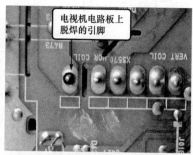

显示器电路板上烧焦的电阻器

显示器电路板上有明显烧焦部位

电视机电路板上脱焊的引脚

图 3-1　采用观察法检查电子产品的明显故障实例

（3）打开外壳后，依靠嗅觉来检查有无明显烧焦等异味；

（4）利用手触摸元器件如三极管、芯片是否比正常情况下发烫或松动；机器中的机械部分有无明显卡紧无法伸缩等。

采用触摸法检查电子产品的故障实例见图 3-2。

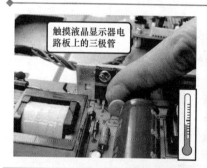

触摸液晶显示器电路板上的三极管

触摸彩色电视机电路板上的芯片

图 3-2　采用触摸法检查电子产品的故障实例

提示

　　在采用触摸法时，应特别注意安全，一般可将机器通电一段时间，切断电源后，再进行触摸检查。若必须在通电情况下进行时，触摸的必须是低电压电路，严禁用双手同时去接触交流电源附近的元器件，以免发生触电事故。在拨动有关元器件时，一定要仔细观察故障现象有何变化，机器有无异常声音和异常气味，不要人为添加新故障。

2. 对比代换法

对比代换法是用好的部件去代替可能有故障的部件，以判断故障可能出现的位置和原因。

例如，对电磁炉等产品进行检修时，怀疑 IGBT 管（电磁炉中关键的器件）故障，可用已知良好的部件进行替换。

使用对比代换法代换电磁炉中的 IGBT 管见图 3-3。

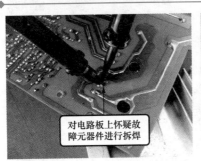

对电路板上怀疑故障元器件进行拆焊

将良好的部件代换原来部件

图 3-3　使用对比代换法检修电磁炉故障实例

若代换后故障排除，则说明可疑元器件确实损坏；如果代换后，故障依旧，说明可能另有原因，需要进一步核实检查。通常，在检修代换 IGBT 管后，在检查故障是否排除时，为了避免扩大故障范围，还通常采用用白炽灯代替炉盘线圈的方法进行检查。

白炽灯代替炉盘线圈的具体操作方法见图 3-4。

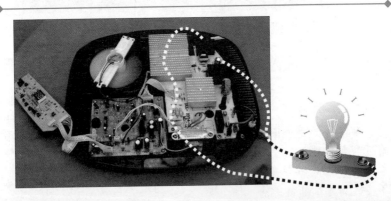

图 3-4　白炽灯代替炉盘线圈的具体操作方法

IGBT 管更换后，可使用（60～150）W/220V 的白炽灯代替炉盘线圈，再对电磁炉通电，检测电路是否正常。电磁炉通电后，如果白炽灯不亮说明故障已经排除，反之说明电磁炉故障仍然存在，需要进一步检查。

使用替换法时还应该注意以下几点：

（1）依照故障现象判断故障

根据故障现象的类别来判断是不是由某一个部件引起的故障，从而考虑需要进行替换的部件或设备。

（2）按先简单再复杂的顺序进行替换

电子产品通常发生故障的原因是多方面的，而不是仅仅局限于某一点或某一个部件上。在使用替换法检测故障而又不明确具体的故障原因时，则要按照先简单后复杂的替换法来进行测试。

（3）优先检查供电故障

优先检查怀疑有故障部件的电源、信号线，其次是替换怀疑有故障的部件，接着是替换供电部件，最后是与之相关的其他部件。

（4）重点检测故障率高的部件

经常出现故障的部件应最先考虑。若判断可能是由于某个部件所引起的故障，但又不敢肯定是否一定是此部件的故障时，便可以先用好的部件进行部件替换以便测试。

 3. 信号注入和循迹法

信号注入和循迹法是应用最为广泛的一种检修方法，具体的方法是，为待测设备输入相关的信号，通过对该信号处理过程的分析和判断，检查各级处理电路的输出端有无该信号，从而判断故障所在。

信号注入和循迹法的基本流程见图 3-5。

该方法遵循的基本判断原则即为若一个器件输入端信号正常，而无输出，则可怀疑该器件损坏（注意有些器件需要为其提供基本工作条件，如工作电压。只有在输入信号和工作电压均正常的前提下，无输出时，才可判断该器件损坏）。

下面是几种采用信号注入和循迹法进行检修的操作实例。

采用信号注入和循迹法检修彩色电视机见图 3-6。

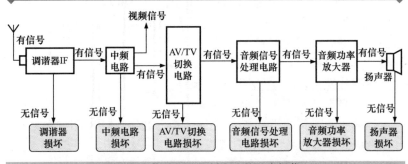

图 3-5　信号注入和循迹法的基本操作

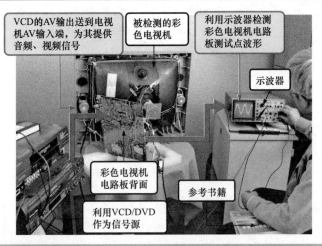

图 3-6　采用信号注入和循迹法检修彩色电视机实例

采用信号注入和循迹法检修液晶显示器见图 3-7。

采用信号注入和循迹法检修数码组合音响见图 3-8。

 4. 电阻、电压检测法

电阻、电压检测法主要是根据电子产品的电路原理图，按电路的信号流程，使用检测仪表对怀疑的故障元器件或电路进行检测，从而确定故障部位。采用该方法检测时，万用表是使用最多的检测仪表，这种方法也是维修时的主要方法。通常，这种方法主要应用于电子产品电路方面的故障检修中。

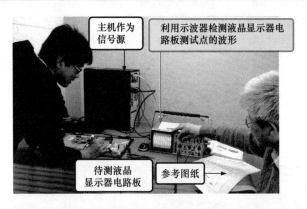

图 3-7　采用信号注入和循迹法检修液晶显示器实例

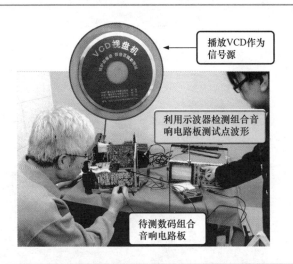

图 3-8　采用信号注入和循迹法检修数码组合音响实例

（1）电阻检测法是指使用万用表在断电状态下，检测怀疑元器件的阻值，并根据对检测阻值结果的分析，来判断待测设备中的故障范围或故障元器件。

利用电阻检测法测量典型电子产品阻值的方法见图3-9。

（2）电压检测法是指使用万用表在通电状态下，检测怀疑电路中某部位或某元器件引脚端的电压值，并根据对检测电压值结果的分析，来判断待测设备中的故障范围或故障元器件。

利用电压检测法测量典型电子产品电压的方法见图3-10。

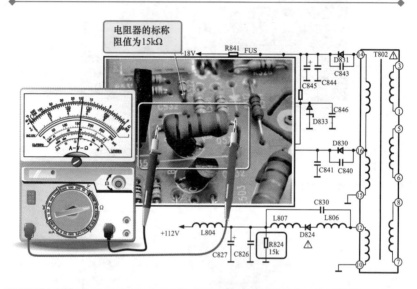

图3-9　利用电阻检测法测量典型电子产品阻值的方法

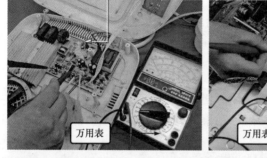

图3-10　利用电压检测法测量典型电子产品阻值的方法

3.2　家用电子产品检修安全的注意事项

3.2.1　家电检修中的安全

1. 家电产品拆装过程中的注意事项

（1）注意操作环境的安全

在拆卸电子产品前，首先需要对现场环境进行清理，另外，在对一些电路板集成度比较高、内部元器件多采用贴片式元器件的电子产品拆装时，应采取相应的防静电措施，如操作台采用防静电桌面、佩戴防静电手套、手环等。

防静电操作环境及防静电设备见图3-11。

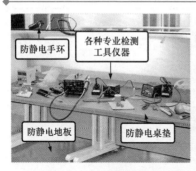

图3-11　防静电操作环境及防静电设备

（2）操作方面注意安全

① 目前，很多电子产品外壳采用卡扣卡紧，因此在拆卸产品外壳时，首先应注意先"感觉"一下卡扣的位置和卡紧方向，必要时应使用专业的撬片（如对液晶显示器、手机拆卸时），避免使用铁质工具强行撬开，以防留下划痕，甚至会造成外壳开裂，影响美观。

② 在拆卸电子产品，取下外壳操作时，应注意首先将外壳轻轻提起一定缝隙，然后通过缝隙观察产品外壳与电路板之间是否连接有数据线缆，然后再进行相应操作。

电子产品外壳拆卸注意事项见图 3-12。

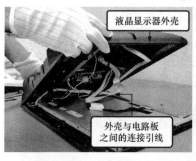
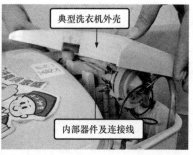

图 3-12　拆卸外壳时的注意事项

（3）拔插一些典型部件时，首先整体观察所拆器件与其他电路板之间是否有引线、弹簧、卡扣等，并注意观察与其他部件或电路板的安装关系、位置等，防止安装不当引起故障。

拆卸电子产品典型部件注意事项见图 3-13。

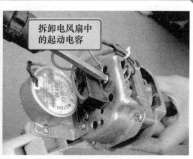

图 3-13　拆卸电子产品典型部件注意事项

（4）在对电子产品内部接插件进行插拔操作时，一定要用手抓住插头后再将其插拔，不可抓住引线直接拉拽，以免造成连接引线或接插件损坏。另外，插拔时还应注意找准插件的插接方向。

拔插引线注意事项见图 3-14。

 2. 家电产品检测中的注意事项

为了防止在检测过程中出现新的故障，除了遵循正确的操作规范和良好的习惯外，针对不同类型元器件的检测应采取相应正确的安全操作方法，在此我们详细归纳和总结了几种元器件在检测中的注意事项，供读者参考。

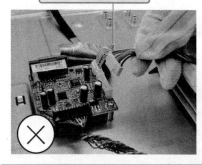

拔插引线时应注意不应直接握住引线部分

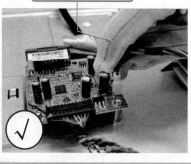

拔插引线时应注意拔插引线的插头部分

图 3-14　电磁感应现象

（1）分立元器件的检修注意事项

分立元器件是指普通直插式的电阻、电容、三极管、变压器等元器件，在对这些元器件进行检修前需要首先了解其基本的检修注意事项：

① 静态环境下检测注意事项

静态环境下的检测是指在不通电的状态下进行的检测操作。此检测较为安全，但作为合格的检修人员，也必须严格按照工艺要求和安全规范进行操作。

另外值得一提的是，对于大容量的电容器等元件即使在静态环境下检测，在检测之前也需要对其进行放电操作。因为，大容量电容器储存有大量电荷，若不进行放电直接检测，极易造成设备损害。

例如，检测照相机闪光灯的电容器时，错误和正确的操作方法见图 3-15。

从图 3-15 中可以看到，由于未经放电，电容器内大量电荷瞬间产生的火球差点对测量造成危害。正确的方法是在检测前用一只小电阻与电容器两引脚相接，释放储存于电容器中的电量，防止在检测时烧坏检测仪表。

② 通电环境下检测注意事项

在通电检测元器件时，通常是对其电压及信号波形的检测，此时需要将检测仪器的相关表笔或探头接地，因此首先要找到准确的接地点后，再进行测量。

未经放电，直接测量大容量电容器产生的火球现象

图 3-15 检测照相机闪光灯的电容器时，错误和正确的操作

首先了解电子产品电路板上哪一部分带有交流 220V 电压，通常与交流相线相连的部分被称为"热地"，不与交流 220V 电源相连的部分被称为"冷地"。在电子产品中，大多数是开关电源的部分属"热地"区域，检测部位在"冷地"范围内一般不会有触电的问题。

典型电子产品电路板（彩色电视机）上的"热地"区域标识及分立元器件见图 3-16。

"冷地"范围　　"热地"标识　　电容　　电阻　　"热地"范围标识　　电阻　　集成电路　　"热地"范围

图 3-16 "热地"区域标识

除了要注意电路板上的"热地"和"冷地"外，还要注意在通电检修前要安装隔离变压器，严禁在无隔离变压器的情况下，用已

接地的测试设备去接触带电的设备。严禁用外壳已接地的仪器设备直接测试无电源隔离变压器的热区内电路，虽然一般的电子产品都具有电源变压器，当接触到较特殊的尤其是输出功率较大或对采用的电源性质不太了解的设备时，要先弄清楚该电子产品是否带电，否则极易与带电的设备造成电源短路，甚至损坏元器件，造成故障进一步扩大。

③ 注意安全接地

检测时需注意应首先将仪器仪表的接地端接地，避免测量时误操作引起短路的情况。若电压直接加到三极管或集成电路的某些引脚上，可能会将元器件击穿损坏。

检测中，应根据图纸或电路板的特征确定接地端。检测设备和仪表接地操作见图3-17。

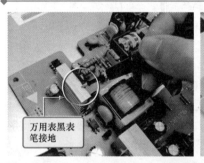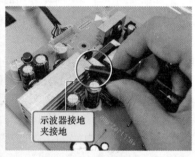

万用表黑表笔接地

示波器接地夹接地

图 3-17　检测设备接地端接地

另外，在维修过程中不要佩戴金属饰品，例如有人带着金属手链维修液晶显示器时，手链滑过电路板时造成某些部位短路，损坏电路板上的三极管和集成电路，使故障扩大。

（2）贴片元器件的检修注意事项

常见的贴片元器件有很多种，如贴片电阻、贴片电容、贴片电感、贴片三极管等。相对于分立元器件来说，贴片元器件的体积较小，集成度较高，在对该类元器件进行检修前也需要先了解具体操作的注意事项。

使用仪器、仪表通电检测贴片元器件时，要注意将电子产品的外壳进行接地，以免造成触电事故。对于引脚较密集的贴片元器件，要注意仪器、仪表的表笔准确对准待测点，为了测量准确也可将大头针连接到表笔上，这样可避免因表笔头的粗大造成测量失误或造成相邻元器件引脚短接损坏。

自制万用表表笔及示波器探头见图3-18。

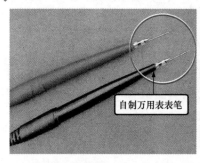 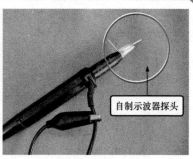

自制万用表表笔　　　　　自制示波器探头

图 3-18　自制万用表表笔及示波器探头

（3）集成电路的检测注意事项

集成电路的内部结构较复杂，引脚数量较多，在检修集成电路时，需注意以下几点：

① 检修前要了解集成电路及其相关电路的工作原理

检查和修理集成电路前首先要熟悉所用集成块的功能、内部电路、主要电参数、各引出脚的作用以及各引脚的正常电压、波形、与外围元器件组成电路的工作原理，为进行检修做好准备。

② 测试时不要使引脚间造成短路

由于多数集成电路的引脚较密集，在通电状态下用万用表测量集成电路的电压或用示波器探头测试信号波形时，表笔或探头要握准，防止笔头滑动打火而造成集成电路引脚间短路，任何瞬间的短路都容易损坏集成电路。最好在与引脚直接连通的外围印制电路板上进行测量。

利用印制电路板检测点检测操作见图3-19。

 3. 家电产品在焊装中的注意事项

在对家电产品的检修过程中，找到故障元器件对元器件进行代换是检修中的关键步骤。该步骤中经常会使用到电烙铁、吸锡器等焊接工具，由于焊接工具是在通电的情况下使用并且温度很高，因此，检修人员要正确使用，以免烫伤。

图 3-19　利用印制电路板检测点检测操作

焊接的实际操作见图 3-20。

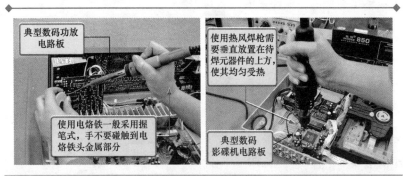

图 3-20　焊接的实际操作

焊接工具使用完毕后，要将电源切断，放到不易燃的容器或专用电烙铁架上，以免因焊接工具温度过高而引起易燃物燃烧，引起火灾。

电烙铁的正确放置见图 3-21。

另外，若焊接场效应晶体管和集成块时，应先把电烙铁的电源切断后再进行，以防烙铁漏电造成元器件损坏。通电检查功放电路部分时，不要让功率输出端开路或短路，以免损坏厚膜块或三极管。

 4. 代换操作时的注意事项

对电子产品故障进行初步判断、测量后，代换损坏元器件是检修中的重要步骤，在该环节需要特别注意的是，保证代换的可靠性。例如，应使修复或代换的元器件或零部件故障排除彻底，不能仅仅满足临时使用。具体注意细节主要包含以下几个方面：

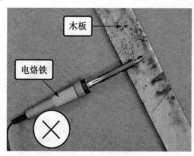

图 3-21　电烙铁的正确放置注意事项

（1）更换大功率三极管及厚膜块时，要装上散热片。若管子对底板不是绝缘的，应注意安装云母绝缘片。

更换大功率三极管及厚膜块操作见图 3-22。

图 3-22　更换大功率三极管及厚膜块操作

（2）对一般的电阻器、电容器等元器件进行代换时，应尽量选用与原来元器件参数、类型、规格相同的元器件，另外，选用元器件代换时应注意元器件质量，切忌不可贪图便宜使用劣质产品。

（3）对于一些没有替换件的集成块及厚膜块等，需要采用外贴元器件修复或用分立元器件来模拟替代时，也要反复试验，确认其工作正常，确保其可靠后才能替换或改动。

提示

检修过程中注意维修仪表和电子产品的安全问题，除上述的归纳和总结一些通性的事项外，还有一些也应引起我们的注意。

（1）在拉出线路板进行电压等测量时，要注意线路板的放置位置，背面的焊点不要被金属部件短接，可用纸板加以隔离。

（2）不可用大容量的熔丝去代替小容量的熔丝。

（3）更换损坏后的元器件后，不要急于开机验证故障是否排除，应注意检测与故障元器件相关的电路和元器件，防止存在其他故障未排除，在试机时，再次烧坏所替换上的元器件。例如，在检查电视机电路时发现电源开关管、行输出管损坏后，更换新管的同时要注意行输出变压器是否存在故障，可先对行输出变压器进行检测，不能直接发现问题时，更换新管后开机一会儿后立即关机，用手摸一下开关管、行输出管是否烫手，若温度高则要进一步检查行输出变压器，否则会再次损坏开关管、行输出管。值得注意的是，不仅仅是行输出变压器故障会再次损坏行输出三极管等。

5. 仪表设备的使用管理及操作规程

仪表是维修工工作中必不可少的设备，在较大的维修站，设备的数量和品种比较多。通常要根据各维修站的特点，制定自己的仪表使用管理及操作规程。每种仪表都应有专人负责保管和维护。使用要有手续，主要是保持设备的良好状态，此外还要考虑使用时的安全性（人身安全和设备安全两个方面）。

检测设备通常还要经常进行校正，以保证测量的准确性。每种设备都应有安全操作规程和使用说明书。使用设备前应认真阅读使用说明书及注意事项，使用后应有登记，注明时间及工作状态。特殊设备使用前，还应对使用人员进行培训。

3.2.2　家电检修中的人身安全

各种家用电子产品的电路都有各自的特点，在修理中要特别注意人身安全问题。

现代电子产品特别是彩色电视机等，几乎都是采用开关电源，由于这一电源电路的特点，有的彩色电视机内部线路板（称为地板）有可能全部带电（220V 相线），有的则部分电路带电（主要是电源电路本身的地线带电）。为保障修理人员的人身安全，修理中一定要做到以下几点，并在修理中要养成这些良好的习惯。

（1）要习惯单手操作，即用一只手操作，另一只手不要接触机器中的金属零部件，包括底板、线路板、元器件等。

（2）脚下垫块绝缘垫。

（3）最好采用1:1隔离变压器，以使机器与交流市电完全隔离，保证人身、机器和修理仪器的安全。

（4）更换元器件之前一定要先断电。

（5）在拔除高压帽、重新装配前，先用螺钉旋具把高压嘴对显像管外面的导电敷层进行多次放电，以免残留高压的电击。

（6）拆卸、装配、搬动显像管时，必须带好不碎玻璃的护目镜。

（7）当机器出现一个亮点或一条亮线故障时，要及时将亮度关小，以防烧坏显像管的荧光屏。

（8）在使用仪器修理彩色电视机时，最好用隔离变压器，没有时要将仪器外壳接室内保护性地线。

第4章

电吹风机的拆装与检修技能

4.1 电吹风机的结构原理

4.1.1 电吹风机的结构特点

电吹风机的外部结构比较简单，如图4-1所示。从图中可以看到，电吹风机的外部是由扁平送风嘴、后盖、风筒、折叠手柄、调节开关和电源线等部分构成的。

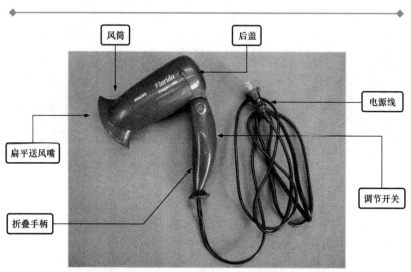

图4-1 典型电吹风机的外部结构

拆开电吹风机的外壳，即可看到其内部的结构组成，如图4-2所示，主要由风扇、电动机、加热元件、隔热筒、调速开关、整流二极管、桥式整流堆、温度控制器等构成。

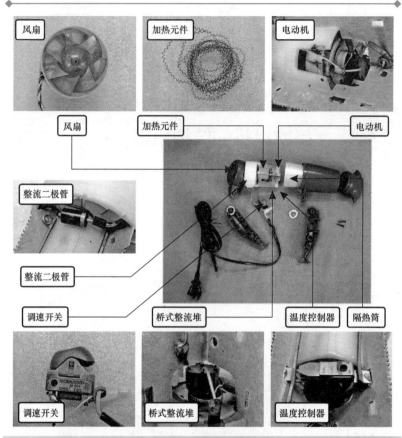

图4-2　电吹风机的内部结构

1. 电动机

电动机是电吹风机中最关键的部件。在电吹风机中多采用小型直流电动机带动风扇工作，如图4-3所示。该电动机与加热架制成一体，主轴与风扇相连。

2. 温度控制器

温度控制器用来检测电吹风机内部的温度，当温度过高时，会立即切断供电，保护电吹风机内部元器件的安全。

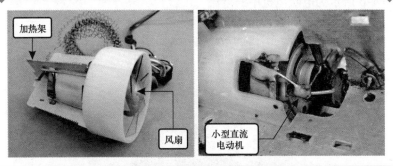

图4-3　电吹风机中的直流电动机

电吹风机中的温度控制器多为双金属片温度控制器，如图4-4所示，这种温度控制器主要由双金属片、触点等构成。

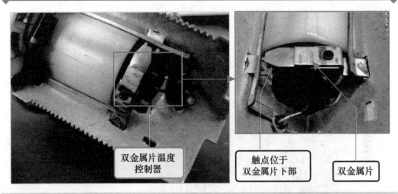

图4-4　电吹风机中的温度控制器

 3. 调速开关

目前许多电吹风机都带有调速开关，操作人员通过调节不同的档位，便可对电吹风机的吹风温度进行调节。图4-5所示为电吹风机中的调速开关及电路结构。从图中可以看出，该电吹风机的调速开关有三个档位，0档为停机档，1档为低速低温档，2档为高速高温档。

 4. 整流二极管

在可调节输出温度的电吹风机中，常会使用整流二极管对供电电压进行半波整流，使供电电压降低，达到调节吹风温度的目的。

图 4-6 所示为电吹风机中的整流二极管。

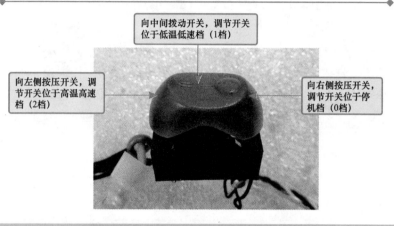

向中间拨动开关，调节开关位于低温低速档（1档）

向左侧按压开关，调节开关位于高温高速档（2档）

向右侧按压开关，调节开关位于停机档（0档）

图 4-5　电吹风机中的调速开关及电路结构

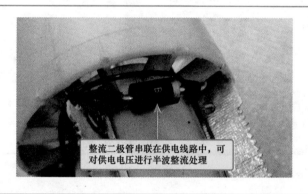

整流二极管串联在供电线路中，可对供电电压进行半波整流处理

图 4-6　电吹风机中的整流二极管

5. 桥式整流堆

桥式整流堆是将交流供电电压整流为直流电压的器件，其内部由四只整流二极管按照一定的连接方式连接构成。

在电吹风机中采用的是直流电动机，因此大都设有桥式整流堆，用于为电动机提供直流电压。桥式整流堆一般位于电动机顶部，外形呈扁圆形，它的四个引脚中，有两个为交流输入端，另两个为直流输出的正极和负极，如图 4-7 所示。

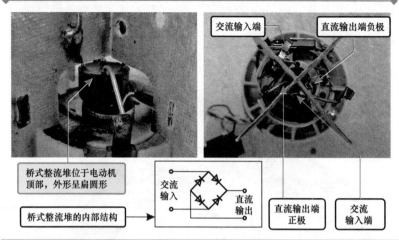

图4-7　电吹风机中的桥式整流堆

4.1.2　电吹风机的工作原理

 1. 电吹风机整机的工作原理

电吹风机的内部设有电动机，电动机转动带动扇叶旋转，从而形成轴向气流，将空气送入到电吹风机的内部由加热元件对空气进行加热，再由风筒将热风送出对头发进行加热烘干，如图4-8所示。

图4-9为典型电吹风机的电路图。当电吹风机处于关机状态时温度控制器ST的两个触点为导通状态。电吹风机通电后升至高温档，电吹风机正常工作，到达一个温度时温度控制器的两个触点分离，电路为断路状态，电吹风机将停止加热，并进入保温状态。当其温度下降到一定温度后，温度控制器的金属弹片重新成为导通状态，又可以继续加热。

 2. 电吹风机内部器件的工作原理

（1）调速开关的工作原理

图4-10所示为调速开关的工作原理。三档调速开关内部有两组触点，当开关拨至停机档（0），内部两组触点断开，电吹风机不工作；当开关拨至低速低温档（1），内部一组触点闭合，另一组断开，

电动机低速运转，加热元件温度较高；当开关拨至高速高温档（2），内部两组触点闭合，电动机高速运转，加热元件温度较高。

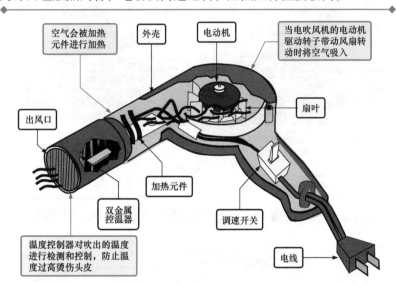

图 4-8　电吹风机的加热原理

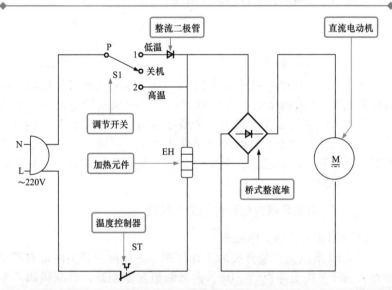

图 4-9　典型电吹风机的电路图

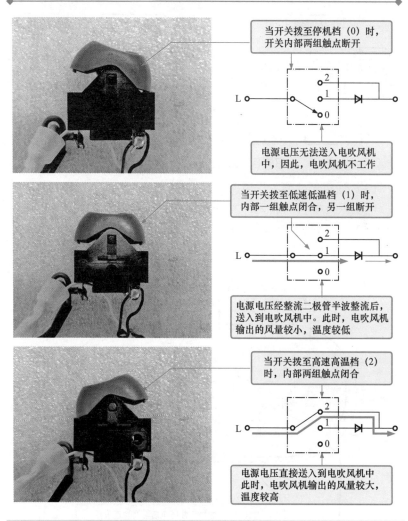

当开关拨至停机档（0）时，开关内部两组触点断开

电源电压无法送入电吹风机中，因此，电吹风机不工作

当开关拨至低速低温档（1）时，内部一组触点闭合，另一组断开

电源电压经整流二极管半波整流后，送入到电吹风机中。此时，电吹风机输出的风量较小，温度较低

当开关拨至高速高温档（2）时，内部两组触点闭合

电源电压直接送入到电吹风机中，此时，电吹风机输出的风量较大，温度较高

图4-10　调速开关的工作原理

（2）温度控制器的工作原理

温度控制器主要由双金属片和触点构成，双金属片的形态随温度的变化而变化，当其处于常温状态下，双金属片的触点闭合；当温度升高，超过双金属片的感应温度后其受热变形，触点会断开，从而达到控制温度的作用，如图4-11所示。

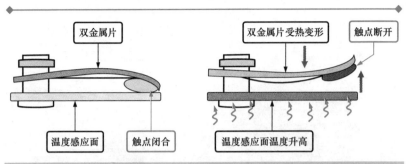

图 4-11　温度控制器的工作原理

（3）加热元件的工作原理

电吹风机中的加热元件紧密盘绕在加热架上，如图 4-12 所示，当有电流流过加热元件时，加热元件便会发热，对风筒内的空气进行加热，若供电电压有所改变，加热温度也会相应改变。

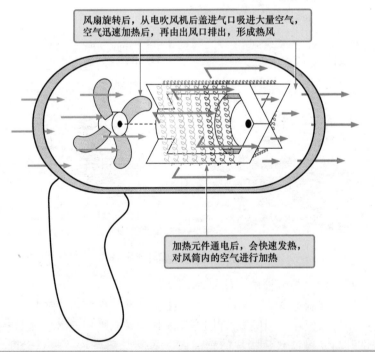

图 4-12　加热元件的工作原理

4.2 电吹风机的拆装技能

对电吹风机拆卸是进行维修操作前的必要环节，也是确保检修顺利进行的重要步骤。学员在学习检修前，应先具备高效、准确的拆装技能。

在动手操作前，用软布垫好操作台，然后观察电吹风机的外观，查看并分析拆卸的入手点以及螺钉或卡扣的紧固部位，电吹风机外壳的拆卸过程如图 4-13 所示。

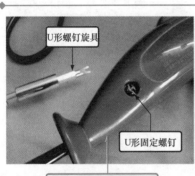

U形螺钉旋具

U形固定螺钉

【1】找到电吹风机折叠手柄上的固定螺钉

【2】使用专用的螺钉旋具将吹风机折叠手柄的固定螺钉拧下

【3】将折叠手柄的上盖取下

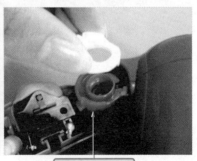

【4】将手柄上的固定环取下

图 4-13　电吹风机的拆卸

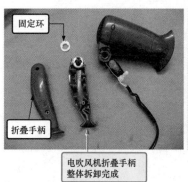

固定环

折叠手柄

电吹风机折叠手柄
整体拆卸完成

扁平送风嘴

【5】将扁平
送风嘴取下

撬片

【6】使用撬片将电吹
风机后盖撬开并取下

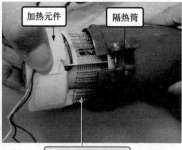

加热元件　隔热筒

【7】将加热元件
和隔热筒分离

图4-13　电吹风机的拆卸（续）

提示

　　完成电吹风机的维修后，则需要对其进行回装操作，在安装时，则是按先后顺序，先安装内部器件（隔热筒、加热元件、固定环、调速开关等），然后再对外部固定部件（外壳、固定螺钉等）安装，在回装过程中，应注意加热元件需要安装到特定的位置，并保证安装牢固。

4.3　电吹风机的检修技能

　　对电吹风机的检修，主要是对电动机、调速开关、温度控制器以及一些主要元器件的检修。

4.3.1   电动机的检修方法

对电动机进行检修，可使用万用表对电动机绕组阻值进行检测，通过测量结果判断电动机是否损坏。将万用表调至"×1"电阻档，红、黑表笔分别搭在电动机的两个接线端上，如图4-14所示。

将红、黑表笔分别搭在
电动机两个接线端上

正常情况下，可检
测到很小的阻值

图4-14   电动机的检修方法

正常情况下，电吹风机中电动机的阻值很小，只有几欧姆。若测量结果为无穷大，则说明电动机内部绕组断路，应进行更换。

提示

电吹风机中，电动机的绕组两端直接连接桥式整流堆的直流输出端，检测前，应先将电动机与桥式整流堆相连的引脚焊开，然后再进行检测。否则，所测结果应为桥式整流堆中输出端引脚与电动机绕组并联后的电阻。

4.3.2   调速开关的检修方法

调速开关用来控制电吹风机的工作状态，当其出现故障时可能会导致电吹风机无法使用或控制失常。检修调速开关时，一般可使用万用表检查其不同状态下的通断情况来判断其好坏。**调速开关的**

检修方法如图 4-15 所示。

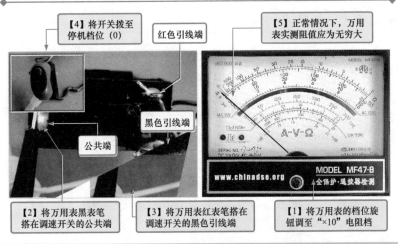

图 4-15　调速开关的检修方法

正常情况下，调速开关置于"0"档位时，其公共端（P端）与另外两个引线端的阻值应为无穷大；当调速开关置于"1"档位时，公共端与黑色引线端间的阻值应为零；当调速开关置于"2"档位时，公共端与两个引线端间的阻值都为零。若测量结果偏差较大，则表明调节开关已损坏，应对其进行更换。

4.3.3　温度控制器的检修方法

温度控制器是用来控制电吹风机内部温度的重要部件，当其出现故障时可能会导致电吹风机的电动机无法运转或电吹风机温度过高时不能进入保护状态。

对温度控制器进行检测，一般可使用电烙铁对温度控制器的金属片进行加热，观察触点是否可以自动断开，如图 4-16 所示。若触点不能自动断开，则说明温度控制器不良，需要对其进行更换。

4.3.4　桥式整流堆和二极管的检修方法

电吹风机中的电子元器件较少，但在整机中起着十分关键的作用，如桥式整流堆、整流二极管等，当这些电子元器件出现故障时可能导致电吹风机不工作、电动机运转失常等故障。

常温下，观察温度控制器的触点是否闭合紧密

使用电烙铁对温度控制器进行加热，观察触点是否可以自动断开

图 4-16　温控装置的检修方法

（1）桥式整流堆的检修方法

目前，检测桥式整流堆的好坏，比较简单、准确的方法是使用数字式万用表的二极管档进行检测。正常情况下，应能够满足正向导通、反向截止的特性。

检测电吹风机中桥式整流堆的检修方法如图 4-17 所示。

输入端

输入端

将万用表的红、黑表笔分别搭在桥式整流堆的交流输入端上

正常情况下，万用表读数为无穷大，说明检测结果为截止

图 4-17　桥式整流堆的检修方法

将万用表的黑表笔搭在桥式整流堆的输出端负极

正常情况下，万用表输出端正向导通电压为0.982V

输出端负极

输出端正极

将万用表的红表笔搭在桥式整流堆的输出端正极

将万用表的红表笔搭在桥式整流堆的输出端负极

正常情况下，万用表输出端反向导通电压为无穷大，即截止

输出端负极

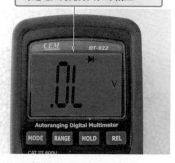

输出端正极

将万用表的黑表笔搭在桥式整流堆的输出端正极

图 4-17　桥式整流堆的检修方法（续）

　　使用数字式万用表二极管档对桥式整流堆的输入端和输出端正、反向导通电压进行检测，正常情况下，桥式整流堆交流输入端全部截止；而直流输出端的正向导通电压为 0.982V，直流输出端反向截止。若测量结果与正常偏差较大，说明桥式整流堆已损坏，需进行更换。

🛈 提示

　　使用数字式万用表对桥式整流堆或二极管进行检测时，要注意检测正、反向阻值或导通电压的方式。指针式万用表是黑表笔搭正极、红表笔搭负极为正向，而数字式万用表正好相反，是黑表笔搭负极、红表笔搭正极为正向。

（2）整流二极管的检修方法

电吹风机整流二极管的检修方法与检测桥式整流堆的方法基本相同，均可以使用数字式万用表的二极管档检测其正向导通、反向截止特性。

正常情况下，其正向应能测得一个固定的导通电压值；反向处于截止状态，万用表显示"0L"，即无穷大。若测量结果与正常情况偏差较大，则说明整流二极管损坏，需要对其进行更换。

对于整流二极管的检测，除上述方法外，还可以在检测设备条件不充足时，使用普通指针式万用表检测整流二极管正、反向阻值的方法，来判断其好坏，如图4-18所示。

对整流二极管的正、反向阻值进行检测，正常在路检测的情况下，由于受到电路中并联器件的影响，整流二极管正向阻值为45Ω左右，整流二极管反向阻值应为无穷大。若整流二极管阻值与正常值偏差较大，说明该整流二极管已损坏，需进行更换。

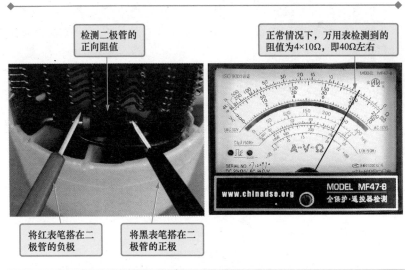

图4-18　整流二极管的检修方法

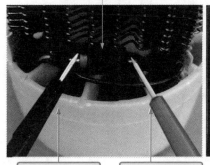

将表笔对调，检测二极管的反向阻值

正常情况下，万用表的读数为无穷大

将黑表笔搭在二极管的负极

将红表笔搭在二极管的正极

图4-18 整流二极管的检修方法（续）

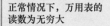

扩展

使用指针式万用表测量整流二极管时，正、反向阻值的测试方法与数字式万用表恰好相反，即当指针式万用表的黑表笔搭在二极管正极，红表笔搭在负极时，测二极管的正向阻值；调换表笔后测反向阻值。

第 5 章
电风扇的拆装与检修技能

5.1 电风扇的结构原理

5.1.1 电风扇的结构特点

电风扇（简称风扇）是夏季用于增强室内空气的流动，达到清凉目的的一种家用设备。电风扇的种类多样，设计也各具特色，如图 5-1 所示为不同设计风格的电风扇。

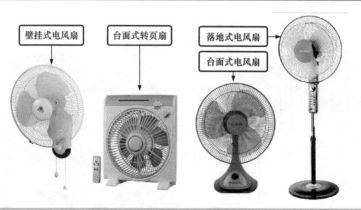

壁挂式电风扇　　台面式转页扇　　落地式电风扇　　台面式电风扇

图 5-1　不同设计风格的电风扇

图 5-2 所示为典型电风扇的实物外形。

通过图 5-2 可以发现，电风扇主要是由风扇组件、控制组件以及支撑组件构成的。

 1. 风扇组件

风扇组件是电风扇中非常重要的组件，由扇叶、风扇电动机、摇头电动机等组装而成，并实现了送风的功能，如图5-3所示。

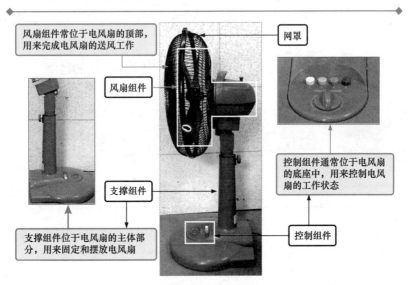

风扇组件常位于电风扇的顶部，用来完成电风扇的送风工作

网罩

风扇组件

支撑组件

控制组件通常位于电风扇的底座中，用来控制电风扇的工作状态

支撑组件位于电风扇的主体部分，用来固定和摆放电风扇

控制组件

图 5-2　电风扇的实物外形

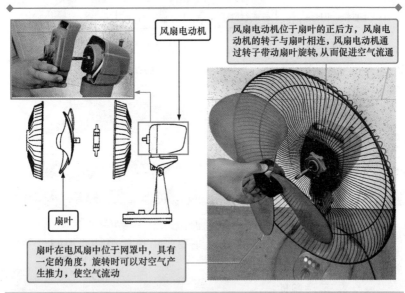

风扇电动机

风扇电动机位于扇叶的正后方，风扇电动机的转子与扇叶相连，风扇电动机通过转子带动扇叶旋转，从而促进空气流通

扇叶

扇叶在电风扇中位于网罩中，具有一定的角度，旋转时可以对空气产生推力，使空气流动

图 5-3　电风扇中的风扇组件

扩展

在风扇电动机后方与风扇电动机的线缆相连接的为起动电容器，主要是用来起动风扇电动机，图5-4所示为风扇中起动电容器的实物外形。

起动电容器

风扇电动机

起动电容器通常位于风扇电动机的后方，主要用于辅助风扇电动机起动

图5-4　电风扇中起动电容器的实物外形

提示

在电风扇中的风扇组件，不同电风扇其主要部件也有所不同，如有些电风扇中采用的摇头动力源为摇头电动机；而有些电风扇中的摇头动力源是通过传动部件（偏心轮、连杆）控制，动力源来自风扇电动机，该类电风扇采用的为摇头组件，如图5-5所示。

摇头电动机作为风扇摇头的动力源

风扇电动机将动力通过传动部件控制风扇的摇头操作

摇头组件

摇头电动机

风扇电动机

风扇电动机

图5-5　不同电风扇中的摇头动力源

2. 控制组件

控制组件是电风扇中用于控制电风扇工作状态的重要组成部分，主要是由摇头开关、风速开关、定时器等构成的，如图5-6所示。

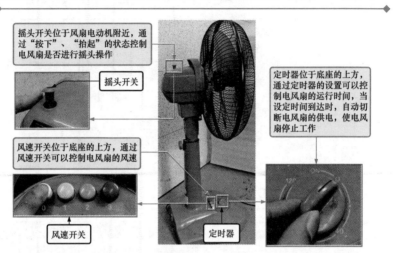

摇头开关位于风扇电动机附近，通过"按下"、"抬起"的状态控制电风扇是否进行摇头操作

摇头开关

定时器位于底座的上方，通过定时器的设置可以控制电风扇的运行时间，当设定时间到达时，自动切断电风扇的供电，使电风扇停止工作

风速开关位于底座的上方，通过风速开关可以控制电风扇的风速

风速开关

定时器

图5-6　电风扇中的控制组件

 3. 支撑组件

支撑组件是由连接头、夹紧螺钉、扇叶螺母、网罩以及底座构成的，如图5-7所示，支撑组件主要是起到支撑固定电风扇的作用，方便用户安装以及摆放电风扇。

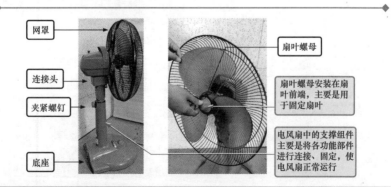

网罩

连接头

夹紧螺钉

底座

扇叶螺母

扇叶螺母安装在扇叶前端，主要是用于固定扇叶

电风扇中的支撑组件主要是将各功能部件进行连接、固定，使电风扇正常运行

图5-7　电风扇中的支撑组件

5.1.2　电风扇的工作原理

 1. 熟悉电风扇整机的控制过程

图5-8所示为典型电风扇的整机控制过程。由图可知，电风扇通电后，通过风速开关使风扇电动机旋转，同时风扇电动机带动扇叶一起旋转，由于扇叶带有一定的角度，扇叶旋转会切割空气，从而促使空气加速流通，完成送风操作。

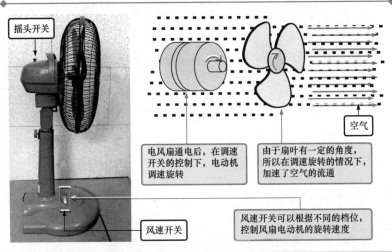

图5-8　电风扇的整机控制过程

当需要电风扇摇头送风时，则可以通过控制摇头开关控制风扇头部的摆动。

 2. 熟悉电风扇各功能组件间的关系

电风扇中各组件协同工作，并使扇叶的旋转加速周围空气的流通，在整个控制过程中，各功能组件都有着非常重要的作用。

如图5-9所示，风速开关和摇头开关分别控制风扇电动机和摇头电动机的工作状态；风扇电动机旋转时带动扇叶旋转，从而加速空气的流通；摇头电动机在偏心轮、连杆的作用下使电风扇进行摆头。

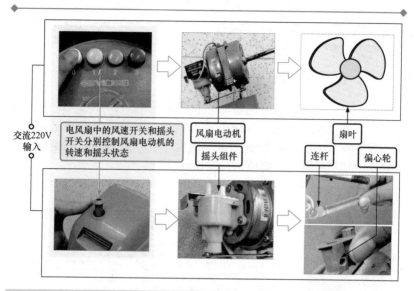

图 5-9　电风扇各组件间的关系

　　由上图可知，电风扇中各功能组件在控制关系中都有非常重要的作用，下面，分别对这些功能组件的工作原理进行学习。

　　（1）风扇电动机的工作原理

　　风扇电动机是电风扇的重要组成部分，在所有类型的电风扇中都可找到，风扇电动机通过电磁感应的原理，带动扇叶旋转，加速空气流通。图 5-10 为风扇电动机的工作原理示意图。

　　电风扇中的风扇电动机多为交流感应电动机，具有两个绕组（线圈），主绕组通常作为运行绕组，另一辅助绕组作为起动绕组。

　　电风扇通电起动后，交流供电经起动电容器加到起动绕组上，在起动电容器的作用下，起动绕组中所加电流的相位与运行绕组形成 90°角，定子和转子之间形成起动转矩，使转子旋转起来。风扇电动机开始高速旋转，并带动扇叶一起旋转，扇叶旋转时会对空气产生推力，从而加速空气流通。

　　（2）摇头组件的工作原理

　　摇头组件是电风扇的组成部分之一，在许多电风扇中都可以找到，带有摇头组件的电风扇可以自动进行摇头，使风扇扩大送风范围。

　　摇头组件通常固定在风扇电动机上，连杆的一端连接在支撑组件上，当摇头组件工作时，由偏心轴带动连杆运动，从而实现电风扇的往复摇摆运行。图5-11为电风扇摇头机构工作原理图，由图可知，摇头组件在正常工作时，均是通过一些机械部件来完成的。

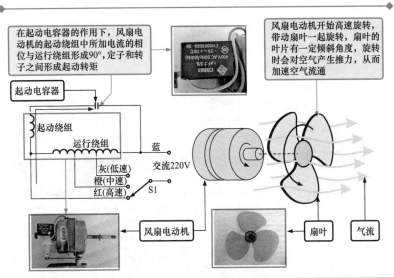

图5-10　电风扇电动机的工作原理示意图

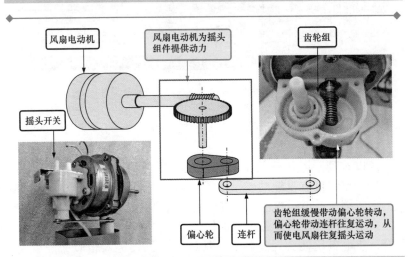

图5-11　摇头机构工作原理

扩展

采用摇头电动机作为电风扇摇头的动力源时，具体的工作过程与摇头组件的工作原理相似，都是通过齿轮来进行控制的，如图5-12所示。摇头电动机中连杆的一端连接在支撑组件上，当摇头电动机旋转的时候，由偏心轮带动连杆运动，从而实现电风扇往复的水平摆动。

在其摇头电动机内部有一个带有减速齿轮组的设备，电动机轴上的齿轮与变速齿轮相互运动，由于电动机轴齿轮比变速齿轮小得多，因此电动机旋转多圈，变速齿轮才会旋转一圈，减缓了旋转速度。也就是说摇头电动机旋转，通过变速齿轮减速，实现了电风扇缓慢的摇头速度。

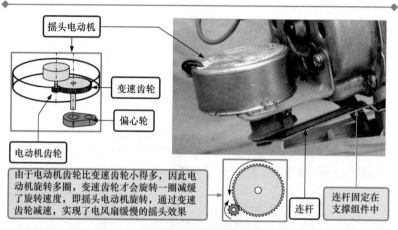

图5-12　典型电风扇的摇头过程示意图

（3）风速开关的工作原理

风速开关是电风扇的控制组件，可以控制风扇电动机内绕组的供电，使风扇电动机以不同的速度旋转。图5-13为风速开关的功能示意图。

可以看到，风速开关主要由档位按钮、触点、接线端等构成，其中档位按钮带有自锁功能，按下后会一直保持接通状态。不同档位的接线端通过不同颜色的引线与风扇电动机内的绕组相连。

按下不同档位的按钮，该按钮便会自锁，使内部触点一直保持闭合，供电电压便会通过触点、接线端、引线送入相应的绕组中。交流电压送入不同的绕组中，风扇电动机便会以不同的转速工作。

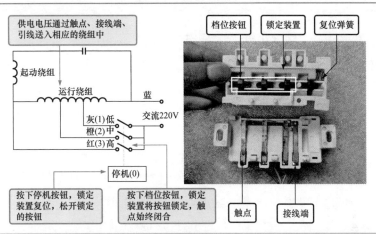

图 5-13　风速开关的功能示意图

目前常见的风速开关有按钮式控制和控制线两种，如图 5-14 所示。

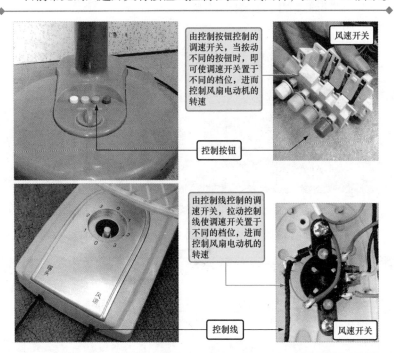

图 5-14　常见风速开关的外形特点

5.2　电风扇的拆装技能

电风扇的拆装操作可按照前述的基本操作流程，并结合实际的维修需求进行实际操作，下面以美的 FTS35 – M2 型电风扇为例，介绍电风扇的拆装方法。

5.2.1　电风扇网罩及扇叶的拆卸

电风扇网罩及扇叶是电风扇中顶部的关键组件，若怀疑是扇叶部分有故障时，需要先将网罩拆下，然后再拆卸扇叶。

电风扇中网罩及扇叶通常是由固定螺钉直接固定。拆卸时，可首先找到网罩上的固定螺钉，拧下固定螺钉后，即可取下网罩，然后再进一步拆卸扇叶，如图 5-15 所示。

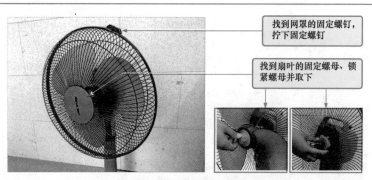

找到网罩的固定螺钉，拧下固定螺钉

找到扇叶的固定螺母、锁紧螺母并取下

图 5-15　电风扇网罩及扇叶的拆卸流程

取下电风扇网罩以及扇叶，具体操作如图 5-16 所示。

5.2.2　电风扇电动机外壳的拆卸

电风扇的电动机由固定螺钉固定在电风扇的外壳中，怀疑电动机出现故障时，应先将电动机的外壳进行拆卸，拆卸时应先观察电风扇外壳的固定方式，然后将固定螺钉拧下，即可找到需要检修的电动机，如图 5-17 所示。

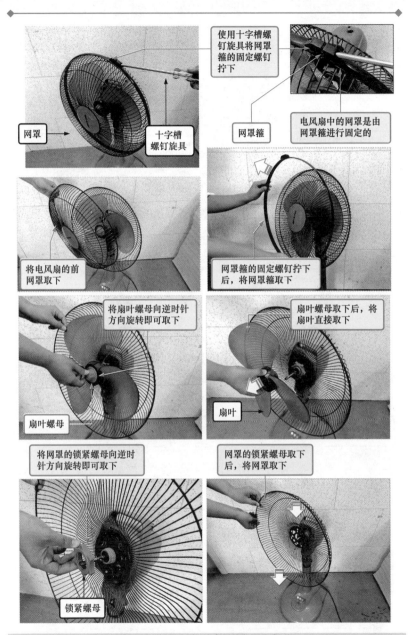

使用十字槽螺钉旋具将网罩箍的固定螺钉拧下

网罩

十字槽螺钉旋具

网罩箍

电风扇中的网罩是由网罩箍进行固定的

将电风扇的前网罩取下

网罩箍的固定螺钉拧下后，将网罩箍取下

将扇叶螺母向逆时针方向旋转即可取下

扇叶螺母

扇叶螺母取下后，将扇叶直接取下

扇叶

将网罩的锁紧螺母向逆时针方向旋转即可取下

锁紧螺母

网罩的锁紧螺母取下后，将网罩取下

图 5-16　取下电风扇网罩以及扇叶

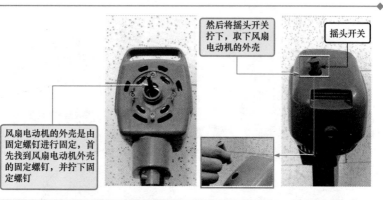

然后将摇头开关拧下，取下风扇电动机的外壳

摇头开关

风扇电动机的外壳是由固定螺钉进行固定，首先找到风扇电动机外壳的固定螺钉，并拧下固定螺钉

图 5-17　电风扇电动机外壳的拆卸流程

电风扇电动机外壳的拆卸方法如图 5-18 所示。

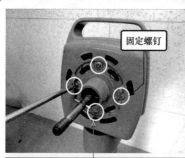

固定螺钉

风扇电动机外壳（前盖）是由4颗固定螺钉进行固定的，使用螺钉旋具将固定螺钉一一拧下

将风扇电动机前盖与后盖分离

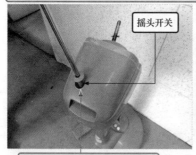

摇头开关

使用螺钉旋具将安装在后盖上摇头开关内的固定螺钉取下

控制旋钮的固定螺钉拧下后，将控制旋钮取下

图 5-18　取下电风扇电动机外壳

使用螺钉旋具将固定在风扇电动机后盖上的固定螺钉拧下

固定螺钉拧下后，将后盖从风扇电动机上取下

图 5-18　取下电风扇电动机外壳（续）

5.2.3　电风扇底座以及挡板的拆卸

　　电风扇的底座以及挡板多用来固定电风扇的整机，以达到稳固电风扇的目的。对底座及挡板进行拆卸时，应先观察电风扇底座以及挡板固定方式，然后使用合适规格的螺钉旋具进行拆卸即可，如图 5-19 所示。

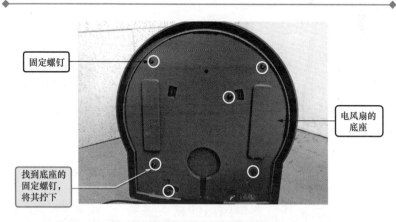

固定螺钉

电风扇的底座

找到底座的固定螺钉，将其拧下

图 5-19　电风扇底座以及挡板的拆卸流程

　　电风扇底座以及挡板的拆卸方法如图 5-20 所示。

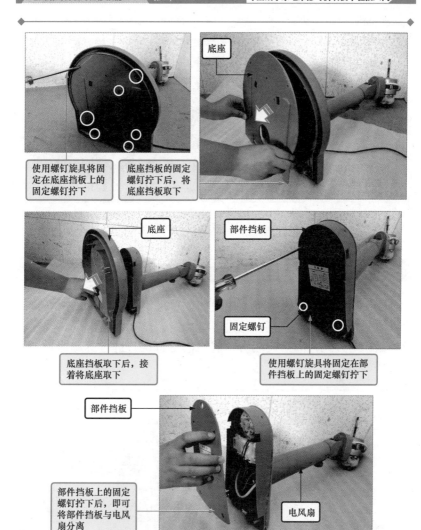

使用螺钉旋具将固定在底座挡板上的固定螺钉拧下

底座挡板的固定螺钉拧下后，将底座挡板取下

底座

底座

部件挡板

固定螺钉

底座挡板取下后，接着将底座取下

使用螺钉旋具将固定在部件挡板上的固定螺钉拧下

部件挡板

部件挡板上的固定螺钉拧下后，即可将部件挡板与电风扇分离

电风扇

图 5-20　取下电风扇底座以及挡板

5.2.4　回装并恢复电风扇的机械技能

　　电风扇维修操作完成后，还需要将拆卸的部件进行回装，即将修复完成或代换用的各功能部件装回到电风扇的原安装位置上。

　　在回装操作中需注意，回装的部件应牢固安装在电风扇中，并确保部件与关联部件、连接线等的连接紧密、正确，确保回装无误后，将电风扇的网罩装回电风扇，恢复电风扇的机械性能即可。

5.3　电风扇的检修技能

　　若电风扇出现故障不能正常进行送风操作时，可对风扇组件中的主要部件进行检测，判断各功能部件是否正常，如风扇电动机、摇头电动机等。

5.3.1　电风扇的检修方法

　　风扇电动机是带动扇叶旋转的核心器件，若风扇电动机不能正常运行，则电风扇的扇叶将无法旋转。检测时可先对风扇电动机的起动电容器进行检修。

　　风扇电动机中起动电容器的检修方法如图5-21所示。

　　经检测起动电容器正常时，则需要进一步对风扇电动机本身进行检修，判断风扇电动机是否正常时可使用万用表检测风扇电动机内各绕组之间的阻值是否正常。

　　风扇电动机的检修方法如图5-22所示。

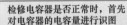

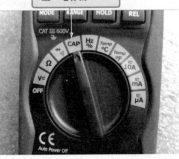

图 5-21　风扇电动机中启动电容器的检修方法

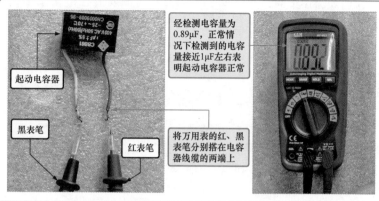

经检测电容量为 0.89μF，正常情况下检测到的电容量接近1μF左右表明起动电容器正常

起动电容器

黑表笔

红表笔

将万用表的红、黑表笔分别搭在电容器线缆的两端上

图 5-21　风扇电动机中起动电容器的检修方法（续）

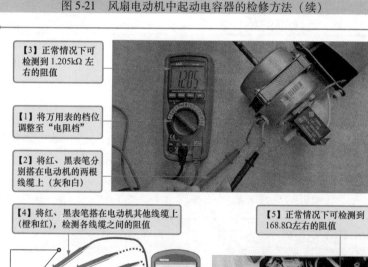

【3】正常情况下可检测到 1.205kΩ 左右的阻值

【1】将万用表的档位调整至"电阻档"

【2】将红、黑表笔分别搭在电动机的两根线缆上（灰和白）

【4】将红、黑表笔搭在电动机其他线缆上（橙和红），检测各线缆之间的阻值

【5】正常情况下可检测到 168.8Ω左右的阻值

AC 220V

M

图 5-22　风扇电动机的检修方法

经实际检测，风扇电动机各引线之间的阻值参见表 5-1 所列。

表 5-1　　风扇电动机各引线之间的阻值

检测线缆	阻值/Ω	检测线缆	阻值/Ω	检测线缆	阻值/Ω
灰—橙	135.4	橙—红	158.8	红—白	529
灰—红	304.5	橙—白	598	红—灰	575
灰—白	833	橙—灰	507	白—灰	1205
灰—灰	372	—		—	

5.3.2　摇头组件的检修方法

摇头组件为风扇的摇头提供动力，若摇头组件损坏，则风扇出现不摇头或一直摇头等现象。怀疑摇头组件出现故障，就要对摇头传动部分、偏心轮、连杆等进行检查。

摇头电动机的检修方法如图 5-23 所示。

【1】查看连杆的两端固定是否良好，转动是否顺畅

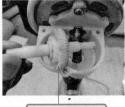

【2】转动控制开关，查看齿轮组的转动是否顺畅

【3】查看齿轮是否出现损坏

【4】取出摇头开关，查看摇头开关是否良好

图 5-23　摇头组件的检查方法

5.3.3　控制组件的检修方法

若风扇出现控制失常的故障时，通常需要对控制组件进行检修，根据故障现象的不同，检修的重点也有所不同。

当电风扇出现定时失常时，则应重点对定时器进行检修；当电风扇出现风速调整失常时，则应重点对风速开关进行检修；当电风扇出现摇头异常时，应重点检修摇头开关。下面，分别对这些控制组件的检修方法进行介绍。

 1. 定时器的检修方法

在一些电风扇中会有定时器，它可以控制电风扇的运行时间，当设定时间到达时，会自动切断电风扇的供电，使电风扇停止工作。当定时器损坏时，经常会造成电风扇不能进行定时操作。

在对定时器进行检修时，应当重点对定时器内的齿轮组、触点以及引线焊点等进行检查。

定时器的检修方法如图 5-24 所示。

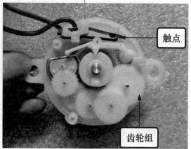

查看定时器的连接导线是否连接完好

查看定时器内的触点、引线焊点、齿轮组等进行检查

触点

齿轮组

图 5-24　定时器的检修方法

 2. 风速开关的检修方法

电风扇的风速主要是由风速开关进行控制的，当风速开关损坏时，经常会引起电风扇扇叶不转动、无法改变风速的故障。

在对风速开关进行检修时，应当先查看风速开关与各导线是否连接良好，然后再对内部的主要部件进行检验。

风速开关的检修方法如图5-25所示。

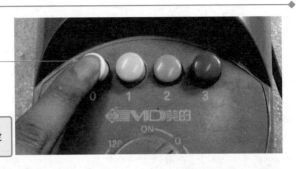

【1】按下风速开关，查看复位弹簧、锁定装置是否良好

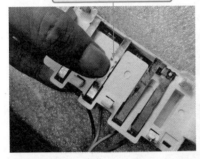

【2】查看调速开关内部的触点、接线端是否良好

【3】查看复位弹簧、锁定装置是否正常

图5-25　风速开关的检查方法

第 6 章
吸尘器的拆装与检修技能

6.1 吸尘器的结构原理

6.1.1 吸尘器的结构特点

吸尘器是家庭日常生活中必备的小家电产品之一，是借助吸气的作用吸走灰尘或污物（如线、纸屑、头发等）的清洁电器。

在学习吸尘器的整机结构组成时，可以将其分为外部结构和内部结构两大部分。

 1. 外部结构

图 6-1 为典型吸尘器的外部结构图。从外观上看，吸尘器的外部是由电源线收卷控制按钮、吸力调整旋钮、电源开关、电源线、脚轮、提手以及软管等构成。

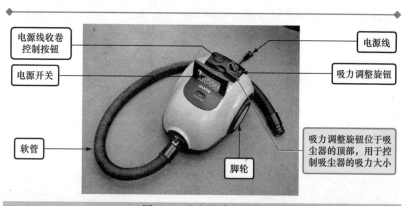

电源线收卷控制按钮

电源开关

软管

电源线

吸力调整旋钮

脚轮

吸力调整旋钮位于吸尘器的顶部，用于控制吸尘器的吸力大小

图 6-1　吸尘器外部结构

（1）电源线收卷控制按钮

目前吸尘器中大多数都具有电源线自动收卷功能，当用户按压电源线收卷控制按钮时，电源线便会自动收回到吸尘器内部，非常方便。图6-2所示为电源线收卷控制按钮，其内部装有复位弹簧，按压后可以自动复位。

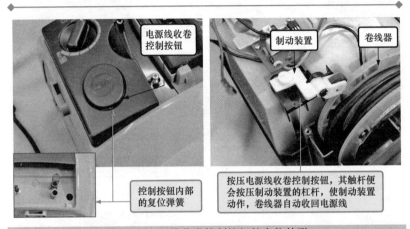

图6-2　电源线收卷控制按钮的实物外形

（2）吸力调整旋钮

吸力调整旋钮可对吸尘器的抽气力度大小进行调节，其实物外形如图6-3所示。实际上，吸力调整旋钮与一个电位器相连，通过转动旋钮到不同的位置，可改变电位器阻值的大小，进而改变吸尘器的电动机转速。

 2. 内部结构

打开吸尘器的外壳后，即可以看到吸尘器的内部结构，如图6-4所示，由图可知，吸尘器的内部由涡轮抽气机、卷线器、制动装置、集尘室、集尘袋、电路板等构成。

（1）涡轮抽气机

涡轮抽气机是一个带涡轮叶片的电动机，是一种电动抽气装置。图6-5所示为典型吸尘器中涡轮抽气机的结构。从图中可以看到涡轮抽气机主要包括两部分：①涡轮抽气装置，内有涡轮叶片；②涡轮驱动电动机。

吸力调整旋钮与
电位器相连

吸力调整旋钮

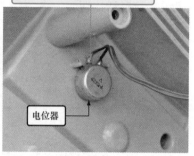

通过改变电位器阻值的大小，从
而改变吸尘器吸力的大小

电位器

图6-3　吸力调整旋钮

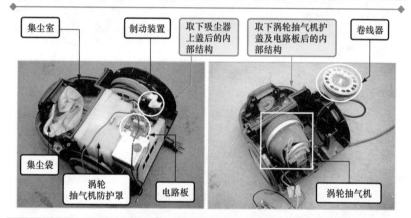

集尘室

制动装置

取下吸尘器
上盖后的内
部结构

取下涡轮抽气机护
盖及电路板后的内
部结构

卷线器

集尘袋

涡轮
抽气机防护罩

电路板

涡轮抽气机

图6-4　吸尘器的内部结构

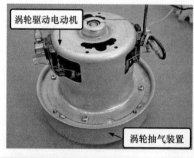

涡轮驱动电动机

涡轮抽气装置

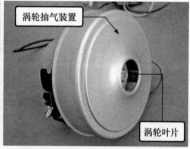

涡轮抽气装置

涡轮叶片

图6-5　吸尘器中涡轮抽气机的结构

驱动电动机就是常见的单相交流感应电动机。涡轮抽气机工作时，会带动周围的空气，沿着涡轮叶片的轴向运动并从排风口排出，如图6-6所示。

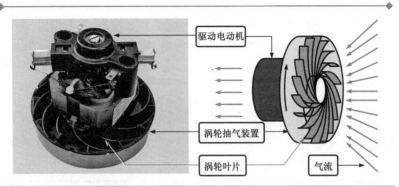

图6-6　涡轮抽气机工作原理图

（2）卷线器

卷线器是用于收卷电源线的装置，可以使吸尘器的外观更为美观，图6-7所示为吸尘器中卷线器的结构，其主要包括电源触片、摩擦轮、轴杆、护盖、螺旋弹簧、电源线以及制动装置。

图6-7　吸尘器中卷线装置的整体结构

当抽出电源线时，由于螺旋弹簧的首尾都固定在摩擦轮中，所以电源线抽出的越多，螺旋弹簧的弹力就会越紧，但是制动轮又阻碍了摩擦轮中螺旋弹簧的释放。此时卷线器中的电源线可以随意抽取。

　　当不需要使用吸尘器的时候，电源线太长，很不方便。此时，可以按下制动杠杆，将制动轮与摩擦轮分离。没有了制动轮的阻碍，卷线器内部螺旋弹簧的弹力就会释放出来，并带动摩擦轮旋转。摩擦轮旋转电源线也就跟着一起收回到卷线器中。此时卷线器中的电源线已经缠绕到摩擦轮中。

　　（3）制动装置

　　制动装置是用于辅助卷线器工作的设备，图6-8所示为吸尘器中制动装置的结构，制动装置是由制动轮、制动杠杆、制动弹簧等构成。

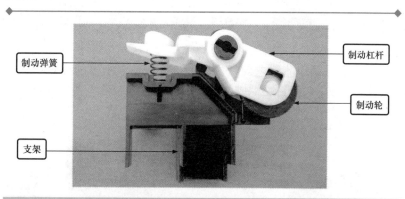

图6-8　制动装置的结构

提示

　　制动轮之所以能够控制摩擦轮，是因为两个轮上都有辊纹，如图6-9所示。这些辊纹大大增加了摩擦力，能够使制动轮阻碍摩擦轮中螺旋弹簧的释放。

　　（4）集尘室和集尘袋

　　集尘室和集尘袋是用来收集灰尘、垃圾的地方。集尘袋的袋口与吸风口紧密相连，并由一个锁定装置密封，可有效避免灰尘散落，如图6-10所示。

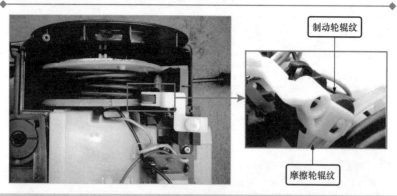

图 6-9　摩擦轮和制动轮的辊纹

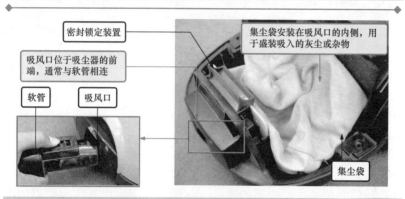

图 6-10　集尘袋密封锁定装置

（5）电路板

吸尘器的电路板中承载着控制吸尘器工作或动作的所有电子元器件，是吸尘器中的关键部件。图 6-11 所示为典型吸尘器中电路板的结构。其主要是由双向二极管、双向晶闸管、电容器、电阻器以及调速电位器连接端等构成，这些电子元器件按照一定的原则连接成具有一定控制功能的单元电路，进而控制吸尘器的工作状态。

6.1.2　吸尘器的工作原理

不同类型吸尘器虽结构各异，但其基本控制关系大致相同。现以典型吸尘器为例对其控制关系进行介绍。

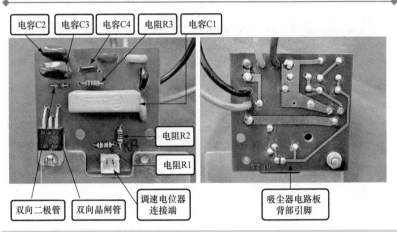

图 6-11　典型吸尘器中电路板的结构

图 6-12 为典型吸尘器的工作原理示意图。当吸尘器通电按下工作按钮后，内部抽气机高速旋转，吸尘器内的空气迅速被排出，使吸尘器内的集尘室形成一个瞬间真空的状态。此时，由于外界气压大于集尘室内的气压——形成一个负压差，使得于外界相通的吸气口会吸入大量的空气，随着空气的灰尘等脏污一起被吸入吸尘器内，收集在集尘袋中，空气可以通过滤尘片排出吸尘器，形成一个循环，只将脏物收集到集尘袋中。

为进一步搞清吸尘器的整机工作原理，下面以具体吸尘器的电路为例，对其工作原理进行分析。不同类型和品牌的吸尘器的电路原理基本相似，下面通过对典型吸尘器电路的分析来搞清吸尘器的工作原理。

 1. SANYO 1100W 型吸尘器的电路原理

图 6-13 为 SANYO 1100W 型吸尘器电路原理图。

从图 6-13 可见，交流 220V 电源经电源开关 S 为吸尘器电路供电，交流电源经双向晶闸管 VS 为驱动电动机提供电流，控制双向晶闸管 VS 的导通角（每个周期中的导通比例），就可以控制提供给驱动电动机的能量，从而达到控制驱动电动机速度的目的。双向晶闸管 VS 的 T2 和 T1 极之间可以双向导通，这样便可通过交流电流。双向晶闸管导通的条件是 T1 和 T2 极之间有电压的情况下，控制极 G

有脉冲信号。

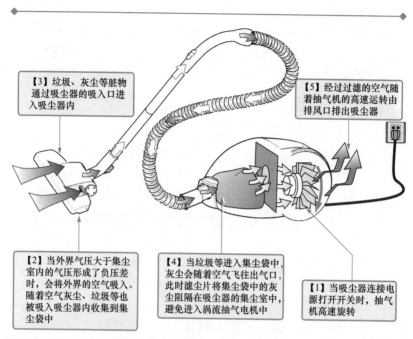

【3】垃圾、灰尘等脏物通过吸尘器的吸入口进入吸尘器内

【5】经过过滤的空气随着抽气机的高速运转由排风口排出吸尘器

【2】当外界气压大于集尘室内的气压形成了负压差时，会将外界的空气吸入。随着空气灰尘、垃圾等也被吸入吸尘器内收集到集尘袋中

【4】当垃圾等进入集尘袋中，灰尘会随着空气飞往出气口，此时滤尘片将集尘袋中的灰尘阻隔在吸尘器的集尘室中，避免进入涡流抽气电机中

【1】当吸尘器连接电源打开开关时，抽气机高速旋转

图 6-12　吸尘的工作原理示意图

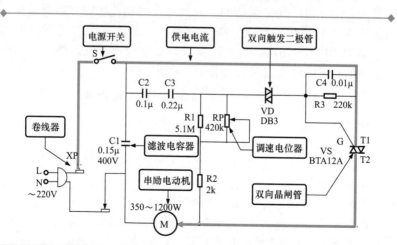

图 6-13　SANYO 1100W 型吸尘器电路原理图

　　当该电路中开关 S 接通后，交流电源经电容器 C2、C3 和双向触发二极管 VD 会在双向晶闸管的 G 极形成触发脉冲，使双向晶闸管导通为驱动电动机供电。由于双向晶闸管接在交流供电电路中，触发脉冲的极性必须与交流电压的极性一致。因而，每半个周期就需要有一个触发脉冲送给 G 极。触发脉冲的极性与交流供电的极性和相位如图 6-14 所示。

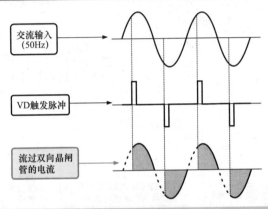

交流输入
（50Hz）

VD触发脉冲

流过双向晶闸管的电流

图 6-14　触发脉冲与导通电流的关系

　　由图 6-14 可知，输入交流电压（220V 50Hz）是连续的，而双向晶闸管的导通时间是断续的。如果导通周期长，则驱动电动机得到能量多，速度快，反之，则速度慢。控制导通周期的是电位器 RP，调整 RP 的电阻值，可以调整双向二极管（触发二极管）的触发脉冲的相位，就可实现驱动电动机的速度控制。

 2. 富士达 QVW–90A 型吸尘器的电路原理

　　图 6-15 所示为富士达 QVW–90A 型吸尘器电路。它主要是由直流供电电路、转速控制电路、电动机供电电路等构成的。

　　从图 6-15 可见，交流输入 220V 电源经过双向晶闸管为吸尘器驱动电动机供电。控制双向晶闸管的导通角（每个供电周期内的相位），就可以实现电动机的速度控制。

　　在该电路中交流 220V 输入经变压器 T1 降压成交流 11V 电压，经桥式整流和 C1 滤波变成直流电压，为 IC 供电，由 R2、R3 分压点取得的 100Hz 脉动信号加到 LM555 的②脚作为同步基准，LM555 的

③脚则输出触发脉冲信号，经 C3 耦合到变压器 T2 的一次侧，于是 T2 的二次侧输出触发脉冲加到晶闸管的控制极 G 端，使双向晶闸管导通，电动机旋转，调整 LM555 的⑦脚外接电位器，可以调整触发脉冲的相位，即可实现速度调整。

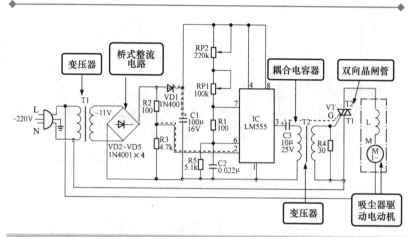

图 6-15　富士达 QVW-90A 型吸尘器电路

<h2>6.2　吸尘器的拆装技能</h2>

吸尘器的拆装操作可按照基本的操作流程，先拆卸外壳，然后再对其内部各部件进行拆卸，并结合实际的维修需求进行实际操作，下面以典型吸尘器为例，介绍其拆装方法。

<h3>6.2.1　吸尘器外壳的拆卸</h3>

对吸尘器外壳的拆卸是进行维修操作前的必要环节，也是确保检修顺利进行的重要步骤，在学习吸尘器的检修前，应先具备高效、准确的拆装技能。

吸尘器的外壳通常是由固定按键或是固定螺钉进行固定的，拆卸时，可先找到相关的固定位置，然后取下固定螺钉，将吸尘器的外壳拆卸下来，如图 6-16 所示。

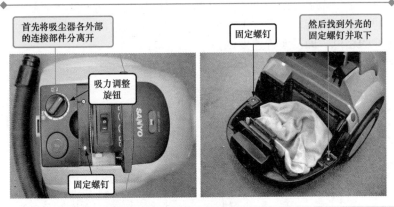

首先将吸尘器各外部的连接部件分离开

吸力调整旋钮

固定螺钉

固定螺钉

然后找到外壳的固定螺钉并取下

图 6-16　吸尘器外壳的拆卸流程

吸尘器的拆装操作如图 6-17 所示。

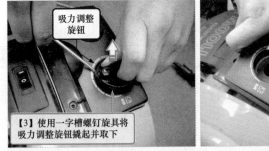

吸尘器吸风口

吸尘器提手

【1】按下吸尘器软管上的固定按钮，将软管与吸风口分离

【2】使用十字槽螺钉旋具将吸尘器提手下方的固定螺钉拧下

吸力调整旋钮

【3】使用一字槽螺钉旋具将吸力调整旋钮撬起并取下

【4】将吸尘器上的操作面板盖取下

图 6-17　吸尘器外壳的拆卸

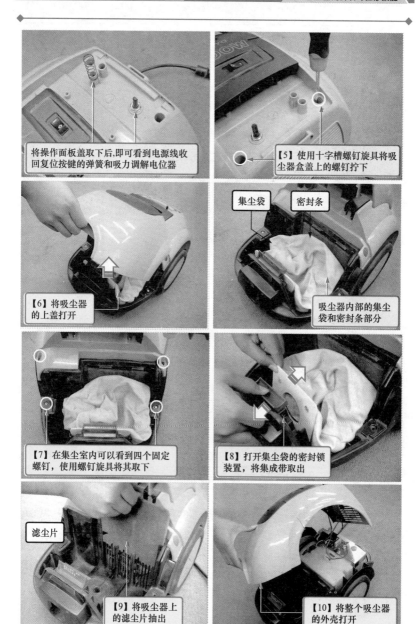

将操作面板盖取下后,即可看到电源线收回复位按键的弹簧和吸力调解电位器

【5】使用十字槽螺钉旋具将吸尘器盒盖上的螺钉拧下

【6】将吸尘器的上盖打开

集尘袋　密封条

吸尘器内部的集尘袋和密封条部分

【7】在集尘室内可以看到四个固定螺钉,使用螺钉旋具将其取下

【8】打开集尘袋的密封锁装置,将集成带取出

滤尘片

【9】将吸尘器上的滤尘片抽出

【10】将整个吸尘器的外壳打开

图6-17　吸尘器外壳的拆卸（续）

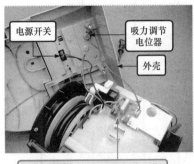

将外壳打开时，可以看到吸力调节
电位器和电源开关与电路板连接

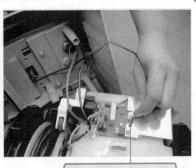

【11】将吸力调节电位器
与电路板连接插件拔开

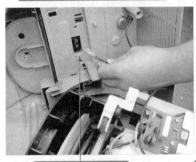

【12】拔下电路板与
电源开关的连接线

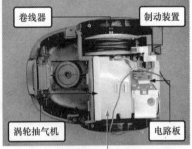

【13】取下吸尘器的整体外壳，可看到内部的
卷线器、电路板、涡轮抽气机和制动装置

图 6-17　吸尘器外壳的拆卸（续）

6.2.2　吸尘器内部主要部件的拆卸

在维修吸尘器时，由于各功能部件的特征较为明显，当出现故障后，可进行有效的针对性检修，此时可对直接怀疑损坏的功能部件进行拆装，对提高维修效率很有帮助。

下面按照吸尘器的结构特点，对其内部的主要部件进行逐一拆卸训练。

1. 吸尘器电路板的拆卸

吸尘器电路板是吸尘器电路中的主要部分，吸尘器的各供电部分主要是通过电路板进行供电。对电路板进行拆卸时，可首先将固定电路板的固定螺钉取下，然后将电路板与吸尘器进行分离，图6-18所示为吸尘器电路板的拆卸流程。

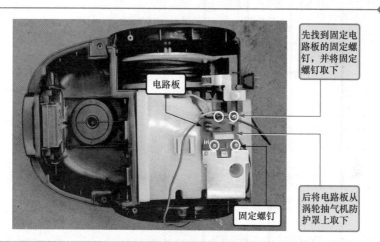

电路板

先找到固定电路板的固定螺钉，并将固定螺钉取下

固定螺钉

后将电路板从涡轮抽气机防护罩上取下

图6-18　吸尘器电路板的拆卸流程

吸尘器电路板的拆装操作如图6-19所示。

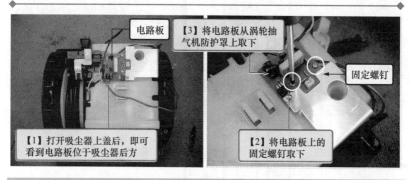

电路板

【3】将电路板从涡轮抽气机防护罩上取下

固定螺钉

【1】打开吸尘器上盖后，即可看到电路板位于吸尘器后方

【2】将电路板上的固定螺钉取下

图6-19　吸尘器电路板的拆卸操作

 2. 吸尘器制动装置的拆卸

吸尘器的制动装置主要是用于控制电源线伸缩，在对制动装置进行拆卸时，可先判断其固定方式，找到固定点，取下固定螺钉，并分离吸尘器和制动装置，如图6-20所示。

后将制动装置从吸尘器中分离出来

制动装置

先找到固定制动装置的固定螺钉，并将固定螺钉取下

固定螺钉

图 6-20　吸尘器制动装置的拆卸流程

吸尘器制动装置的拆卸操作如图 6-21 所示。

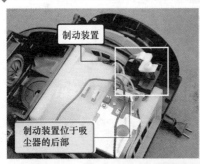

制动装置

制动装置位于吸尘器的后部

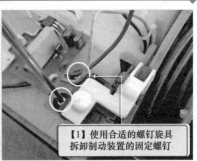

【1】使用合适的螺钉旋具拆卸制动装置的固定螺钉

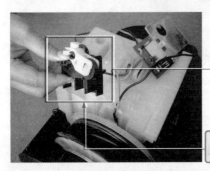

【2】将制动装置从吸尘器中分离出来

取下的制动装置

图 6-21　吸尘器制动装置的拆卸操作

3. 吸尘器卷线器的拆卸

卷线器是将吸尘器的电源线收回原位的主要器件，在拆卸卷线器时可以根据安装方式，先取出卷线器，然后找到固定螺钉并将固定螺钉取下，完成卷线器的拆卸，如图6-22所示。

先将卷线器从吸尘器中提起

找到卷线器上的电源触片的固定螺钉，并将其取下

找到螺旋弹簧护盖和摩擦轮的固定螺钉，并将其取下

螺旋弹簧护盖

电源触片

固定螺钉

摩擦轮

后将卷线器从吸尘器中取出即可

将螺旋弹簧和摩擦轮取下即可

图 6-22　吸尘器卷线器的拆卸流程

吸尘器卷线器的拆卸操作如图6-23所示。

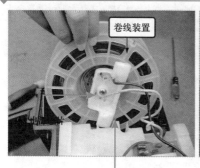

卷线装置

固定螺钉

【1】将卷线器提起

【2】将卷线器上电源触片的螺钉取下，并将电源触片取下，即可将卷线器分离出来

图 6-23　吸尘器卷线器的拆装操作

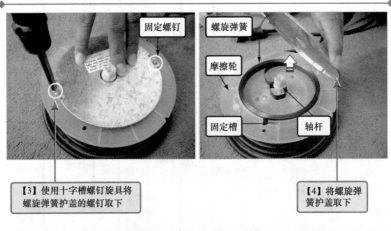

【3】使用十字槽螺钉旋具将螺旋弹簧护盖的螺钉取下　　　　　　　　　【4】将螺旋弹簧护盖取下

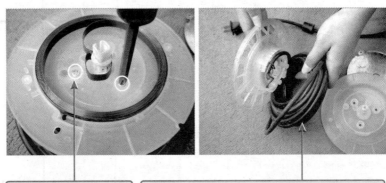

【5】使用十字槽螺钉旋具将摩擦轮上的固定螺钉取下　　　　　【6】将一侧摩擦轮盘取下，再将电源线取下即看到电源线的连接焊点，卷线器工作失常时，可重点检查该处焊点

图6-23　吸尘器卷线器的拆装操作（续）

 4. 吸尘器涡轮抽气机的拆卸

涡轮抽气机是吸尘器中主要的动力器件，掌握涡轮抽气机的拆卸是维修吸尘器的重要步骤之一。

对涡轮抽气机进行拆卸时，由于涡轮抽气机安装在吸尘器的底部，由防护罩进行防护，因此，首先要对防护罩进行拆卸，然后再取出涡轮抽气机的连接引线，把其从吸尘器中分离出来即可，如图6-24所示。

吸尘器涡轮抽气机的拆卸操作如图6-25所示。

涡轮抽气机防护罩

减振橡胶帽

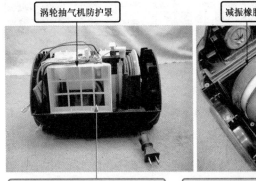

降噪海绵

找到涡轮抽气机防护罩的固定螺钉，将其拧下，取下涡轮抽气机防护罩

将电线从凹槽中取出，并取下涡轮抽气机上的降噪海绵和减振橡胶圈即可

图6-24   吸尘器涡轮抽气机的拆卸流程

防尘片

涡轮抽气机防护罩

涡轮抽气机

【1】将涡轮抽气机防护罩上的防尘片取下

可通过防护罩看到涡轮抽气机

固定螺钉

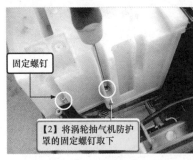

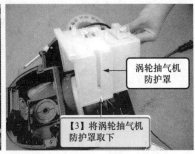

涡轮抽气机防护罩

【2】将涡轮抽气机防护罩的固定螺钉取下

【3】将涡轮抽气机防护罩取下

图6-25   吸尘器涡轮抽气机的拆卸操作（涡轮抽气机）

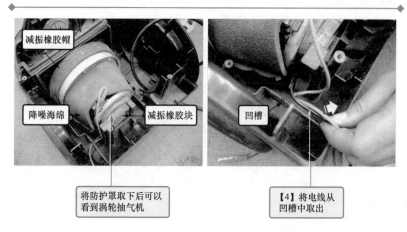

减振橡胶帽

降噪海绵　　减振橡胶块

凹槽

将防护罩取下后可以
看到涡轮抽气机

【4】将电线从
凹槽中取出

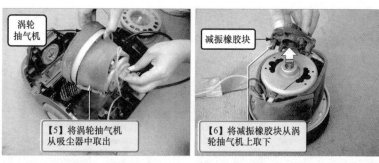

涡轮
抽气机

减振橡胶块

【5】将涡轮抽气机
从吸尘器中取出

【6】将减振橡胶块从涡
轮抽气机上取下

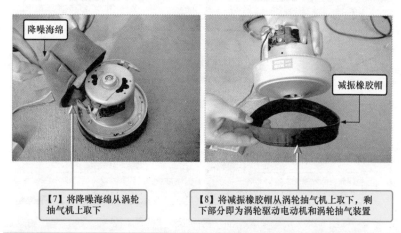

降噪海绵

减振橡胶帽

【7】将降噪海绵从涡轮
抽气机上取下

【8】将减振橡胶帽从涡轮抽气机上取下，剩
下部分即为涡轮驱动电动机和涡轮抽气装置

图 6-25　吸尘器涡轮抽气机的拆卸操作（涡轮抽气机）（续）

5. 回装并恢复吸尘器的机械性能

吸尘器维修操作完成后，还需要将拆卸的部件进行回装，即将修复完成或代换用的各功能部件装回到吸尘器的原安装位置上，并确保安装牢固。

在回装操作中需注意，各部件与关联部件、连接线等的连接紧密、正确，确保回装无误后，将吸尘器的外壳装回吸尘器，恢复吸尘器的机械性能即可。

6.3　吸尘器的检修技能

吸尘器出现故障后，可根据故障特点，先对吸尘器的各机械部件及控制部件进行检修，排除硬件故障，如制动装置、卷线器、集尘室、电源线、电源开关、起动电容器、电位器及涡轮抽气机等。

6.3.1　制动装置的检修方法

制动装置用来控制吸尘器卷线轴的运转，若其出现故障可能会导致吸尘器的电源线无法从卷线器中抽出或收回。在对其进行检修时，应当检查制动装置的制动弹簧和制动杠杆，以及制动装置支撑架之间的连接状况。制动装置的检修方法如图6-26所示。

制动器位于卷线轴的上方，对卷线轴进行控制

将制动装置取下，检查制动装置是否良好

图 6-26　制动装置的检修方法

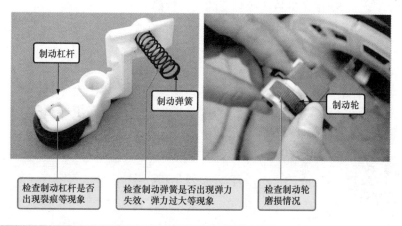

制动杠杆

制动弹簧

制动轮

检查制动杠杆是否
出现裂痕等现象

检查制动弹簧是否出现弹力
失效、弹力过大等现象

检查制动轮
磨损情况

图 6-26　制动装置的检修方法（续）

6.3.2　卷线器的检修方法

卷线器是用来实现电源线自动收卷的装置，可以带动电源线进行抽出和收回，也是吸尘器的供电端。当吸尘器出现电源线无法正常抽出或收回、漏电的现象时，应重点对卷线器进行检修。

在对卷线器进行检修时主要检查卷线器与电源触片是否连接良好，摩擦轮的磨损情况，卷线器的螺旋弹簧是否出现弹力过小等。

卷线器的检修方法如图 6-27 所示。

制动轮

一字槽螺钉旋具

【1】使用一字槽螺钉旋具检查制动轮表面的磨损情况

【2】将卷线器取出，检查卷线器与电源触片连接是否良好

图 6-27　卷线器的检修方法

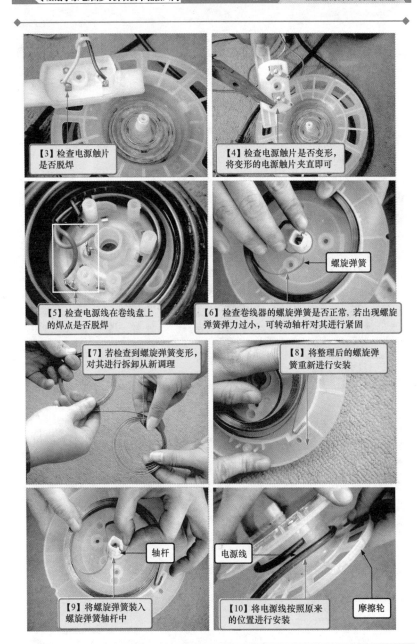

【3】检查电源触片是否脱焊

【4】检查电源触片是否变形，将变形的电源触片夹直即可

【5】检查电源线在卷线盘上的焊点是否脱焊

螺旋弹簧

【6】检查卷线器的螺旋弹簧是否正常，若出现螺旋弹簧弹力过小，可转动轴杆对其进行紧固

【7】若检查到螺旋弹簧变形，对其进行拆卸从新调理

【8】将整理后的螺旋弹簧重新进行安装

轴杆

【9】将螺旋弹簧装入螺旋弹簧轴杆中

电源线

摩擦轮

【10】将电源线按照原来的位置进行安装

图6-27　卷线器的检修方法（续）

6.3.3　集尘室的检修方法

吸尘器的集尘室是用来存放灰尘和脏物的，当集尘室出现无法存放灰尘、脏污或有泄漏的现象时，可重点对集尘室进行检查。

检查集尘室是否正常时，应重点检查集尘袋是否损坏、吸风口是否被堵塞或者滤尘片是否损坏等。

集尘室的检修方法如图 6-28 所示。

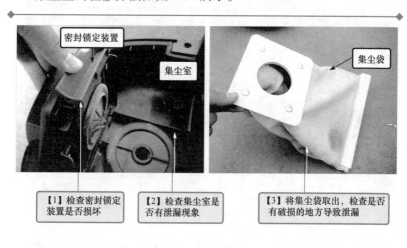

密封锁定装置

集尘室

集尘袋

【1】检查密封锁定装置是否损坏

【2】检查集尘室是否有泄漏现象

【3】将集尘袋取出，检查是否有破损的地方导致泄漏

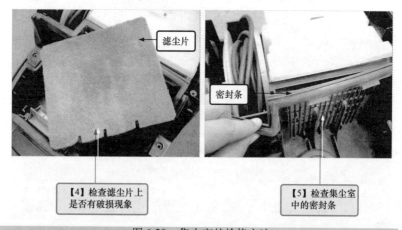

滤尘片

密封条

【4】检查滤尘片上是否有破损现象

【5】检查集尘室中的密封条

图 6-28　集尘室的检修方法

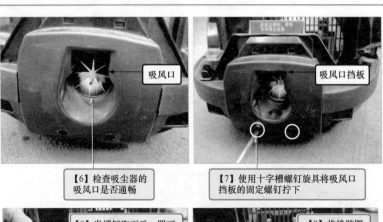

【6】检查吸尘器的吸风口是否通畅

【7】使用十字槽螺钉旋具将吸风口挡板的固定螺钉拧下

【8】当螺钉取下后，即可将吸风口挡板取下

【9】将橡胶圈取下

【10】检查橡胶圈是否有老化或裂开的地方

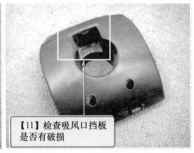

【11】检查吸风口挡板是否有破损

图6-28　集尘室的检修方法（续）

6.3.4　吸尘软管的检修方法

吸尘器的吸尘软管若损坏，则会引起吸尘器吸力下降，出现灰尘无法被吸入吸尘袋中、灰尘散落的现象。

检修吸尘软管时，应当注意观察吸尘软管是否出现破损、管口的卡扣是否正常等。

吸尘软管的检修方法如图 6-29 所示。

检查吸尘软管的卡扣

图 6-29　吸尘软管接口的检修方法

6.3.5　电源线的检修方法

电源线是为整个吸尘器提供工作电压的重要器件。当电源线出现断路或短路故障时，将导致吸尘器无法正常工作。

一般可使用万用表电阻档检测电源线中相线或零线以及两根线之间的通断情况来判断电源线及连接部分是否出现断路或短路现象。

电源线的检修方法如图 6-30 所示。

6.3.6　电源开关的检修方法

若检测电源线正常，吸尘器仍存在故障，则需要对电源开关的性能进行判断。

电源开关是控制吸尘器工作状态的器件。若电源开关发生损坏，可能会导致吸尘器不运转或运转后无法停止。可以使用万用表检测其阻值，当电源开关处于开启状态时，阻值应当为零；当电源开关处于关闭状态时，阻值应当为无穷大。

电源开关的检修方法如图 6-31 所示。

【1】将万用表的红、黑表笔分别搭在电源线相线的两端

【2】将万用表量程调整至"×1k"电阻档

【3】正常情况下，万用表读数为零

【4】按相同的方法，将万用表的红、黑表笔分别搭在电源线的零线两端

【5】正常情况下，万用表读数也为零。若指针指向无穷大表明电源线存在断路故障

【6】将红、黑表笔分别搭在电源线相线和零线上

【7】正常情况下，万用表读数为无穷大，若指针指向零表明电源线存在短路故障

图6-30　电源线的检修方法

6.3.7　起动电容器的检修方法

若吸尘器接通电源后，涡轮抽气机不能正常运行，在排除电源线及电源开关的故障外，则应对抽气机的起动电容器进行检测。

起动电容器在吸尘器中是控制涡轮抽气机进行工作的重要器件，若其发生损坏会导致吸尘器电动机不转的故障。可以使用万用表检测其充、放电的过程，若其没有充、放电的过程，则怀疑其可能损坏。

起动电容器的检修方法如图6-32所示。

【2】将万用表的红、黑表笔分别搭在电源开关的两个接线端

【1】将万用表的量程调至"×1"电阻档

【3】电源开关断开状态下，万用表的实测数值为无穷大

若检测电源开关在断开状态下阻值较小，则多为电源开关触点间短路

【4】保持万用表表笔位置不动，按下电源控制开关，使开关处于闭合状态

若检测电源开关在闭合状态下电阻值无穷大，说明电源开关触点间存在断路情况

【5】电源开关闭合状态下，万用表的实测数值为零

图 6-31　电源开关的检修方法

6.3.8　吸力调整电位器的检修方法

　　吸力调整电位器主要用于调整涡轮抽气机风力大小。若吸力调整电位器发生损坏，可能会导致吸尘器控制失常。当吸尘器出现该类故障时，应先对吸力调整电位器进行检修，一般可以使用万用表电阻档检测吸力调整电位器位于不同档位时电阻值的变化情况，来判断其好坏。吸力调整电位器的检修方法如图 6-33 所示。

6.3.9　涡轮抽气机的检修方法

　　涡轮抽气机是吸尘器中实现吸尘功能的关键器件，若通电后吸尘器出现吸尘能力减弱、无法吸尘或开机不动作等故障时，在排除电源线、电源开关、起动电容器以及吸力调整电位器的故障外，还需要重点对涡轮抽气机的性能进行检修。

　　若怀疑涡轮抽气机出现故障时，应当先对其内部的减振橡胶块和减振橡胶帽进行检查，确定其正常后，再使用万用表对驱动电动机绕组线圈进行检测。

【1】将红、黑表笔分别搭在起动电容器的两个引脚上，观察起动电容器充、放电的过程

【2】若万用表阻值很小或为零，怀疑其损坏，正常情况下，可检测到阻值在3～17Ω之间

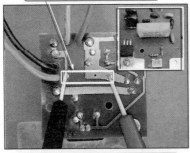

【3】将万用表的红、黑表笔调换搭在起动电容器的两个引脚上检测阻值，观察起动电容器充、放电的过程

【4】若万用表阻值很小或为零，怀疑其损坏，正常情况下，可检测到阻值在3～17Ω之间

图 6-32　起动电容器的检修方法

【1】检查吸力调整电位器是否有磨损现象

【2】将万用表量程调至"×10"电阻档

图 6-33　吸力调整电位器的检修方法

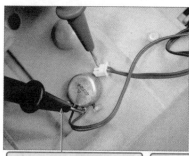

【3】将万用表的红、黑表笔分别搭在电位器和导线接口处

若阻值为无穷大，则电位器与电路板插件间的导线存在断路故障

【4】正常情况下，万用表读数为零

【6】将吸力调整电位器调整至最大档

最大档位时，电位器的电阻值趋于零，使涡轮抽气驱动电动机供电电压最高，转速最快，吸力最强

【5】将万用表的红、黑表笔分别搭在吸力调整电位器的两个引脚上

【7】正常情况下，万用表阻值应为零

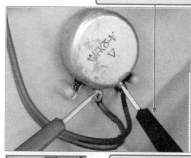

【11】正常情况下，万用表测得阻值应为40Ω

【9】正常情况下，万用表阻值应该为20Ω左右

【10】将吸力调整电位器调整至最小档

最小档位时，电位器以最大阻值状态接入电路中使驱动电动机供电电压最低，转速最慢，吸尘器的吸力最弱

【8】将吸力调整电位器调整至中档

中档位时，电位器的电阻值为总电阻值的一半

图6-33　吸力调整电位器的检修方法（续）

涡轮抽气机的检修方法如图6-34所示。

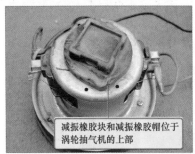

减振橡胶块和减振橡胶帽位于涡轮抽气机的上部

【1】检查涡轮抽气机减振橡胶帽是否出现老化

【2】检查减振橡胶块的上部是否出现老化或损坏现象

【3】检查减振橡胶块的底部是否出现老化或损坏现象

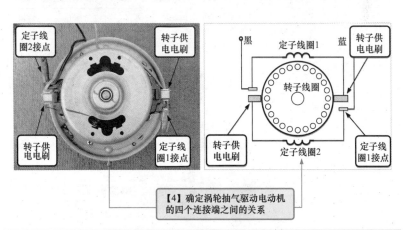

【4】确定涡轮抽气驱动电动机的四个连接端之间的关系

图6-34　涡轮抽气机的检修方法

定子线圈2接点

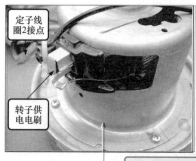

定子线圈1接点

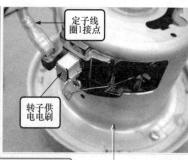

转子供电电刷

转子供电电刷

【5】检查涡轮抽气驱动电动机定子连接端与线圈连接线是否断开

【6】将万用表的红表笔搭在定子线圈2接点上

【7】将万用表的黑表笔搭在转子供电电刷上

【8】正常情况下，万用表的阻值应接近零

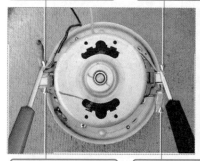

【9】将万用表的红表笔搭在转子供电电刷上

【10】将万用表的黑表笔搭在定子线圈1接点上

【11】正常情况下，万用表的阻值应为0Ω

【12】将万用表的红、黑表笔分别搭在转子连接端上

【13】正常情况下，万用表指针处于摆动状态

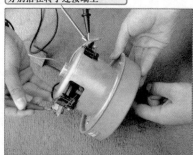

图6-34　涡轮抽气机的检修方法（续）

第 7 章

洗衣机的拆装与检修技能

7.1 洗衣机的结构原理

7.1.1 洗衣机的结构特点

洗衣机是一种将电能通过电动机转换为机械能，并依靠机械作用产生的旋转和摩擦来洗涤衣物的机电一体化产品。

图 7-1 所示为典型波轮洗衣机的整机结构。

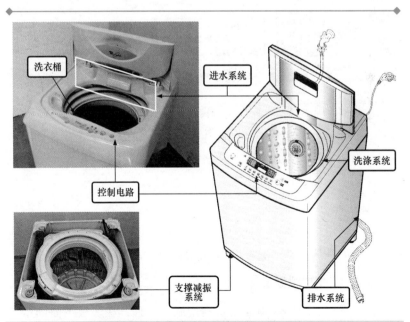

图 7-1 典型波轮洗衣机的整机结构

由图 7-1 可知，波轮洗衣机主要由进水系统、排水系统、洗涤系统、支撑减振系统以及控制电路部分构成。

 1. 进水系统

波轮洗衣机的进水系统主要用来控制洗衣机内水位的高低。该系统主要由进水电磁阀、水位开关以及进水管等构成，如图 7-2 所示。

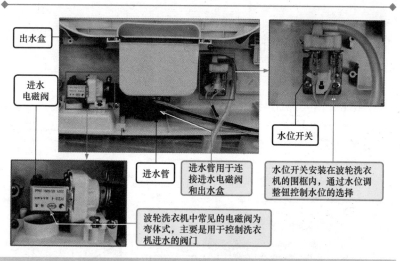

出水盒

进水
电磁阀

进水管

水位开关

进水管用于连接进水电磁阀和出水盒

波轮洗衣机中常见的电磁阀为弯体式，主要是用于控制洗衣机进水的阀门

水位开关安装在波轮洗衣机的围框内，通过水位调整钮控制水位的选择

图 7-2　典型波轮洗衣机中的进水系统

 2. 排水系统

波轮洗衣机中排水系统的作用是在洗衣机完成洗涤工作后，将洗涤桶内的水排出，通常情况下，洗衣机的排水系统位于洗衣机的下方，如图 7-3 所示。

 3. 洗涤系统

洗涤系统将电动机的动力传递给波轮，由波轮对洗涤桶内的衣物进行洗涤，从而带动洗衣机工作的部分，如图 7-4 所示。

 4. 支撑减振系统

波轮洗衣机的盛水桶和脱水桶用底板托住，在底板下面固定有电动机，这一整套部件都是依靠支撑减振系统（吊杆组件）悬挂在外箱体上部的四个箱角上。吊杆组件除起吊挂作用外，还起着减振作用，以保证洗涤、脱水时的动平衡和稳定，如图7-5所示。

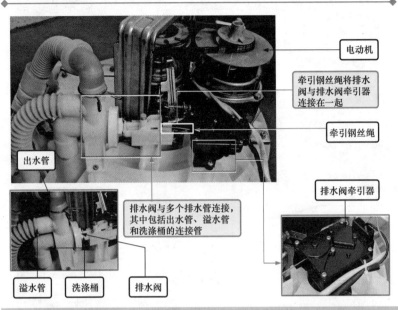

图7-3　典型波轮洗衣机中的排水系统

 5. 控制电路部分

波轮洗衣机的电路部分的是整机的控制中心，主要是以控制电路为核心，与洗衣机中的电动机、进水电磁阀、排水组件等机电器件通过连接线与该部分进行连接，构成了电路部分，在控制电路的操控下，完成各项洗衣工作，如图7-6所示。

7.1.2　洗衣机的工作原理

洗衣机的主要功能是对衣物等进行清洗，随着电子技术的发展，洗衣机的功能也越来越多，下面以典型的波轮洗衣机为例对其工作原理进行介绍。

图7-7所示为典型波轮洗衣机的整机工作原理。

为了便于理解波轮洗衣机的整机工作原理，通常将波轮洗衣机整机划分为四个阶段，即：进水控制、洗涤控制、排水控制、脱水控制。

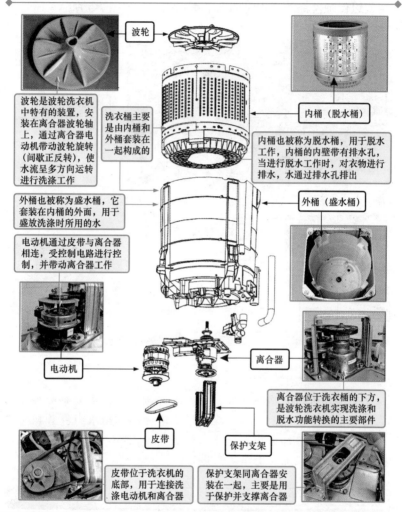

波轮
波轮是波轮洗衣机中特有的装置，安装在离合器波轮轴上，通过离合器电动机带动波轮旋转（间歇正反转），使水流呈多方向运转进行洗涤工作

洗衣桶主要是由内桶和外桶套装在一起构成的

内桶（脱水桶）
内桶也被称为脱水桶，用于脱水工作，内桶的内壁带有排水孔，当进行脱水工作时，对衣物进行排水，水通过排水孔排出

外桶（盛水桶）
外桶也被称为盛水桶，它套装在内桶的外面，用于盛放洗涤时所用的水

电动机通过皮带与离合器相连，受控制电路进行控制，并带动离合器工作

电动机

离合器
离合器位于洗衣桶的下方，是波轮洗衣机实现洗涤和脱水功能转换的主要部件

皮带
皮带位于洗衣机的底部，用于连接洗涤电动机和离合器

保护支架
保护支架同离合器安装在一起，主要是用于保护并支撑离合器

图 7-4　典型波轮洗衣机中的洗涤系统

1. 进水控制

将波轮洗衣机通电，并将上盖关闭，通过电路部分中的操作显示面板输入洗涤方式、启动洗涤等人工控制指令后，控制电路输出控制进水系统的控制指令，此时进水系统中的进水电磁阀开启并进行注水，

水位不断上升，洗涤桶内的水位由水位开关检出，通过水位开关内触点开关的转换来使控制电路控制进水电磁阀断电，使洗衣机停止进水。

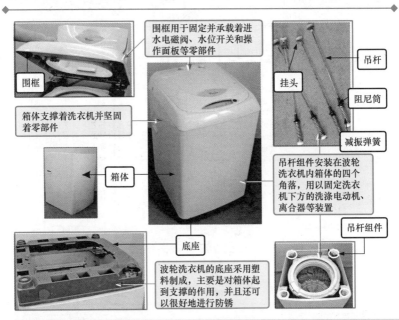

图 7-5　典型波轮洗衣机中的支撑减振系统

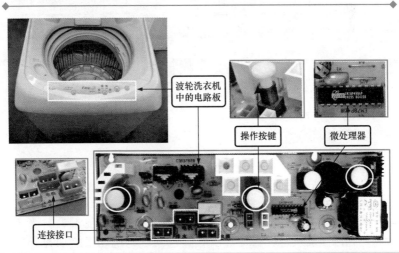

图 7-6　波轮洗衣机的电脑式操作控制电路

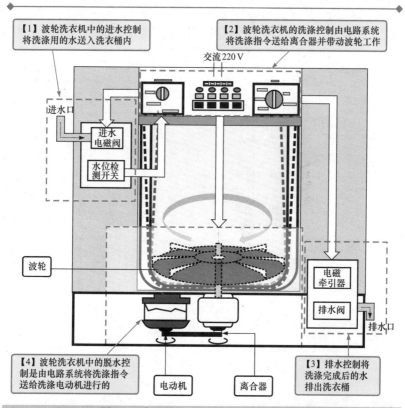

【1】波轮洗衣机中的进水控制将洗涤用的水送入洗衣桶内

【2】波轮洗衣机的洗涤控制由电路系统将洗涤指令送给离合器并带动波轮工作

交流220 V

进水口

进水电磁阀

水位检测开关

波轮

电磁牵引器

排水阀

排水口

【4】波轮洗衣机中的脱水控制是由电路系统将洗涤指令送给洗涤电动机进行的

电动机

离合器

【3】排水控制将洗涤完成后的水排出洗衣桶

图7-7　典型波轮洗衣机的整机工作原理

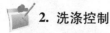　提示

　　波轮洗衣机中的进水控制过程主要是由电路部分进行控制的，如进水系统中的进水电磁阀主要是受电路部分控制，只有当电路部分正常输出进水控制指令时，电磁阀才可以开启并进行进水操作，具体的控制关系如图7-8所示。

2. 洗涤控制

　　当进水电磁阀停止进水后，控制电路接通波轮洗衣机的洗涤电动机，洗涤电动机运转后通过机械转动系统将电动机的动力传递给波轮对洗涤桶内的衣物进行洗涤。洗涤时，电动机运转，通过减速离合器，降低转速，并带动波轮间歇正、反转，进行衣物的洗涤操作。在洗涤过程中，洗涤桶不停地转动，当波轮旋转，带动衣物时会产生离心力，使洗涤桶前后左右地移动，此时，可以通过支撑减振装置中的吊杆组件保持洗涤桶工作过程中的平衡。

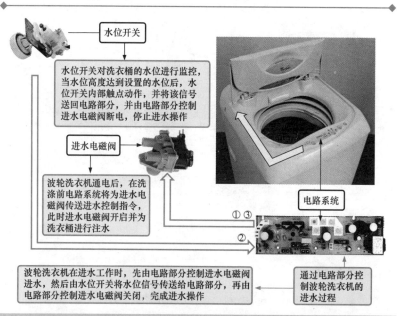

水位开关

水位开关对洗衣桶的水位进行监控，当水位高度达到设置的水位后，水位开关内部触点动作，并将该信号送回电路部分，并由电路部分控制进水电磁阀断电，停止进水操作

进水电磁阀

波轮洗衣机通电后，在洗涤前电路系统将为进水电磁阀传送进水控制指令，此时进水电磁阀开启并为洗衣桶进行注水

电路系统

① ③

②

波轮洗衣机在进水工作时，先由电路部分控制进水电磁阀进水，然后由水位开关将水位信号传送给电路部分，再由电路部分控制进水电磁阀关闭，完成进水操作

通过电路部分控制波轮洗衣机的进水过程

图 7-8　进水系统与电路间的控制关系

波轮洗衣机中的洗涤控制是由电路部分进行控制的，电路部分将驱动电压传送到洗涤电动机，并由电动机带动波轮洗衣机进行洗涤工作，具体控制关系如图7-9所示。

 3. 排水控制

洗涤结束后，需要进行排水操作。排水程序开始时，排水电磁铁由于线圈通电而吸合衔铁，衔铁通过排水阀杆拉开排水阀中与橡皮密封膜连成一体的阀门，洗涤后的污水因阀门开放而排到机外。排水结束后，电磁铁因线圈断电而将衔铁释放，阀中的压缩弹簧推动橡皮密封膜，使阀门与阀体端口平面贴紧，排水阀关闭，完成排水操作。

波轮洗衣机进行排水工作时，主要是由电路部分发出控制信号控制排水阀牵引器，通过对排水阀牵引器内线圈的控制从而控制排水阀的开关状态，如图7-10所示。

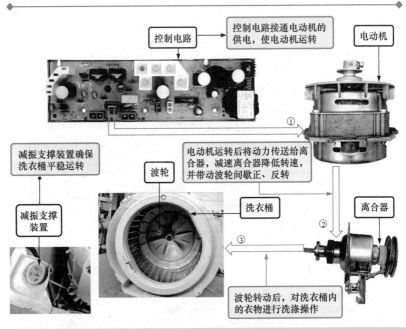

图7-9　波轮洗衣机洗涤控制与电路间的控制关系

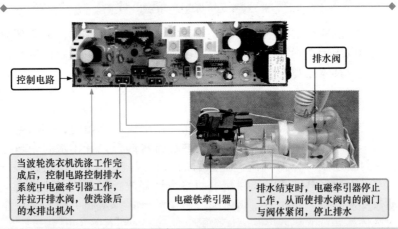

图7-10　排水系统与电路系统的关系

4. 脱水控制

洗衣机排水工作完成后，随即进入到脱水工作。由控制电路控制起动电容起动电动机在脱水状态的绕组工作，实现电动机的高速运转，同时通过离合器，带动洗涤脱水桶顺时针方向高速运转，靠离心力将吸附在衣物上的水分甩出桶外，起到脱水作用。

波轮洗衣机安全装置中的安全门开关主要用于波轮洗衣机通电状态的安全保护作用，可直接控制电动机的电源，当洗衣机处于工作状态时，打开洗衣机门，洗衣机将立即停止工作。

脱水时，脱水内桶做高速旋转，靠离心力将吸附在衣物上的水分甩出桶外，起到脱水作用。

波轮洗衣机的盛水桶和脱水桶用底板托住，在底板下面固定有电动机，这一整套部件都是依靠减振支撑系统（吊杆组件）悬挂在外箱体上部的四个箱角上。吊杆组件除起吊挂作用外，还起着减振作用，以保证洗涤、脱水时的动平衡和稳定。

7.2　洗衣机的拆装技能

波轮洗衣机的拆装操作可按照前述的基本操作流程，并结合实际的维修需求进行实际操作，下面以惠而浦 WI4231S 型波轮洗衣机为例，介绍波轮洗衣机的拆装方法。

7.2.1　拆卸波轮洗衣机外围框和挡板

波轮洗衣机的外部主要由围框、挡板和箱体构成，用于封闭洗衣机内部部件，防止异物进入波轮洗衣机内部损坏洗衣机，同时避免人体接触洗衣机内电路造成的触电危险，还可使洗衣机更加坚固、美观。

在对波轮洗衣机进行检修时，往往需要将围框、挡板拆下，以便对内部线路的连接或功能部件的性能和安装情况进行检查。

 1. 围框的拆卸

围框用于封闭和固定洗衣机内部的操作显示面板、进水电磁阀等部件。对围框进行拆卸时，可首先找到围框的挡片和固定螺钉，并将其取下，然后找到位于围框内侧与其他部件关联的部位，将关联部位分离即可。

波轮洗衣机围框的拆卸方法如图7-11所示。

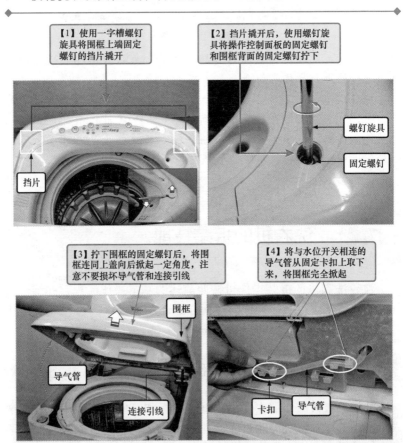

图7-11　波轮洗衣机围框的拆卸方法

2. 挡板的拆卸

挡板用于封闭洗衣机内部部件。对挡板进行拆卸时，可首先找到挡板的固定螺钉和卡槽，将固定螺钉拧下，即可将挡板从卡槽中抽取出来。

波轮洗衣机挡板的拆卸方法如图7-12所示。

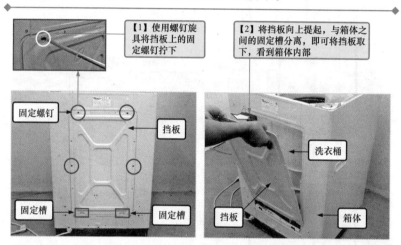

【1】使用螺钉旋具将挡板上的固定螺钉拧下

【2】将挡板向上提起，与箱体之间的固定槽分离，即可将挡板取下，看到箱体内部

固定螺钉　　挡板

洗衣桶

固定槽　　固定槽

挡板　　箱体

图7-12　　波轮洗衣机挡板的拆卸方法

7.2.2　根据维修需要拆卸相关功能部件

在维修波轮洗衣机时，由于各系统功能部件特征明显，出现故障后可进行有效的针对性检修，此时可对怀疑损坏的功能部件进行拆装，即修哪拆哪，对提高维修效率很有帮助。

下面按照波轮洗衣机的结构特点，对其五个基本系统逐一进行拆卸训练。

1. 进水系统的拆卸

波轮洗衣机的进水系统主要包括进水电磁阀、水位开关等部分。这些部件在洗衣机中通常与进水管关联，位于波轮洗衣机的上部。如果洗衣机的进水系统工作出现异常，可先根据检修的先后顺序进行逐一拆卸。

（1）进水电磁阀的拆卸方法

进水电磁阀是波轮洗衣机中的主要部件，洗衣机通过控制进水电磁阀便可以实现自动注水和自动停止注水的操作。对进水电磁阀进行拆卸时，可首先将进水电磁阀与其他功能部件关联的连接插件、金属卡子、进水管等分离，然后找到进水电磁阀的固定螺钉或螺栓，拧下固定螺钉或螺栓即可。

波轮洗衣机进水电磁阀的拆卸方法如图 7-13 所示。

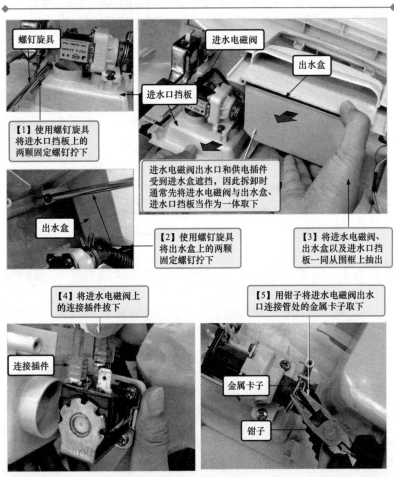

图 7-13　波轮洗衣机进水电磁阀的拆卸方法

【6】用手用力拔下连接管，将其与进水电磁阀分离

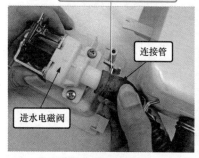

连接管

进水电磁阀

【7】使用螺钉旋具将进水电磁阀与进水口挡板上的固定螺钉拧下

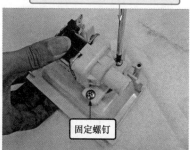

固定螺钉

【8】将进水电磁阀与进水口挡板分离，完成进水电磁阀的拆卸

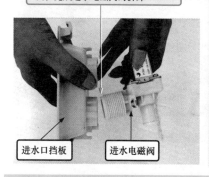

进水口挡板　　进水电磁阀

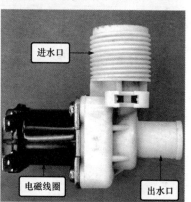

进水口

电磁线圈　　出水口

图 7-13　波轮洗衣机进水电磁阀的拆卸方法（续）

（2）水位开关的拆卸方法

水位开关是对水位高低进行控制的主要部件，若该部件功能失常需要将其从洗衣机中拆下后进行检修。对水位开关进行拆卸时，可首先将水位开关与其他功能部件关联的连接插件、金属卡子、导气管等分离，然后找到水位开关的固定螺钉或螺栓，拧下固定螺钉或螺栓即可。波轮洗衣机水位开关的拆卸方法如图7-14所示。

 2. 洗涤系统的拆卸

波轮洗衣机的洗涤系统部分主要包括电动机、离合器、波轮、洗衣桶等部分，这些部件在洗衣机中分布比较分散，可根据检修的先后顺序进行逐一拆卸。

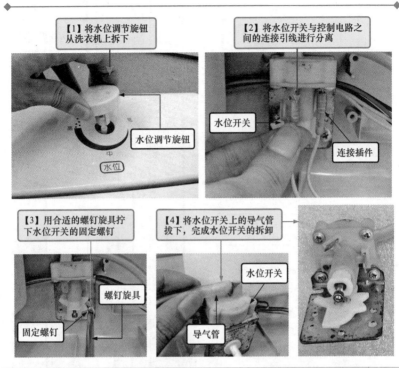

图 7-14　波轮洗衣机水位开关的拆卸方法

（1）波轮的拆卸方法

波轮是波轮洗衣机中特有的装置。它通过固定螺钉固定在离合器波轮轴上，通过离合器、电动机带动其作间歇式正、反转，使水流呈多方向流动。对波轮进行拆卸时，可首先找到波轮上的盖片，将其取下，然后找到波轮的固定螺钉，拧下固定螺钉即可。**波轮洗衣机波轮的拆卸方法如图 7-15 所示。**

（2）离合器的拆卸方法

离合器是波轮洗衣机实现洗涤和脱水功能转换的主要部件，掌握该部件的拆装方法是进行检修的第一步。

对离合器进行拆卸时，由于离合器的波轮轴是通过螺母固定在洗衣机桶底部的法兰上，因此首先要对法兰上的螺栓进行拆卸，然后再将外桶支架与离合器分离，最后找到离合器的固定螺母将其拧下，把离合器从机体中取出即可。

波轮

盖片

螺钉旋具

固定螺钉

【1】使用合适的螺钉旋具将盖片撬下，找到固定螺钉

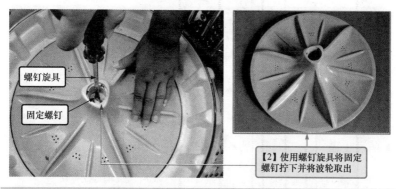

螺钉旋具

固定螺钉

【2】使用螺钉旋具将固定螺钉拧下并将波轮取出

图 7-15　波轮洗衣机波轮的拆卸方法

波轮洗衣机离合器的拆卸方法如图 7-16 所示。

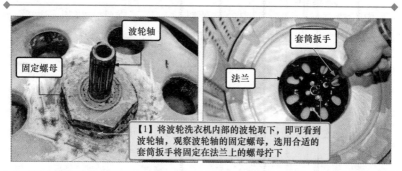

波轮轴

固定螺母

套筒扳手

法兰

【1】将波轮洗衣机内部的波轮取下，即可看到波轮轴，观察波轮轴的固定螺母，选用合适的套筒扳手将固定在法兰上的螺母拧下

图 7-16　波轮洗衣机离合器的拆卸方法

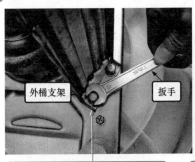

| 【2】将洗衣机翻转过来（外桶组件反扣在地上），使用扳手将固定在外桶支架上的4颗固定螺母拧下 | 【3】轻轻向上提起外桶支架，便可将外桶支架从固定底板上取下 | 【4】将皮带从卡槽中取出 |

| 【5】使用扳手将固定在离合器上的4颗固定螺母拧下 | 【6】将离合器从固定底板上取下，完成离合器的拆卸 |

图7-16 波轮洗衣机离合器的拆卸方法（续）

（3）电动机的拆卸方法

电动机是波轮洗衣机中的重要部件，用于在洗衣机进行洗涤和脱水工作时，为洗衣桶中的波轮和脱水桶提供动力源。电动机一般安装在波轮洗衣机的最底部，在检修中需要对其进行拆卸。

在对电动机进行拆卸时，可首先找到电动机的固定螺钉或螺栓，拧下固定螺钉或螺栓使其松动，然后将电动机与其他功能部件关联的引线、插件、传动带（俗称皮带）等进行分离后即可将电动机取下。波轮洗衣机电动机的拆卸方法如图7-17所示。

 3. 排水系统的拆卸

波轮洗衣机的排水系统是在洗衣机完成洗涤工作后，需要将洗涤时所用的洗衣水排出洗衣机所使用的装置。根据排水系统结构原理的不同，排水系统主要有电动机牵引式排水系统和电磁铁牵引式排水系统两种。下面，以电动机牵引式排水系统为例介绍其拆卸方法。

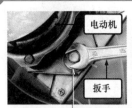

【1】使用扳手将电动机一侧的固定螺栓拧下

【2】取下拧松的固定螺栓

【3】取下固定螺栓底部的塑料垫片，使用同样的方法取下另一侧的螺栓及塑料垫片

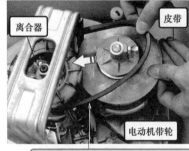

【4】向离合器侧推动单相异步电动机，将传动皮带从电动机带轮上取下

【5】将传动皮带从离合器带轮上取下

【6】使用偏口钳将固定电动机的线束剪断

【7】使用偏口钳沿连接防护帽根部剪断的连接线。注意回装时同样需要恢复防护

图 7-17　波轮洗衣机电动机的拆卸方法

【8】从洗衣机底部取出电动机，使电动机与洗衣机彻底分离

图 7-17　波轮洗衣机电动机的拆卸方法（续）

电动机牵引式排水系统的拆卸通常可分为两步：第 1 步是对牵引钢丝绳进行拆卸；第 2 步是对电动机牵引器进行拆卸。

（1）牵引钢丝绳的拆卸方法

对牵引钢丝绳进行拆卸时，应先将排水阀的挡块取下，再将挡块与牵引钢丝绳分离即可。

波轮洗衣机牵引钢丝绳的拆卸方法如图 7-18 所示。

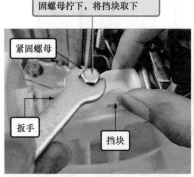
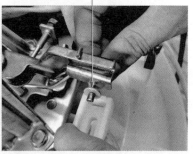

【1】使用扳手将挡块上的紧固螺母拧下，将挡块取下

紧固螺母

扳手

挡块

【2】用手捏住牵引钢丝绳，将其从滑块的卡槽中抽出

图 7-18　波轮洗衣机牵引钢丝绳的拆卸方法

（2）电动机牵引器的拆卸方法

对电动机牵引器进行拆卸时，先找到电动机牵引器上的固定螺钉，并将其拧下，然后再将连接插件分离即可。波轮洗衣机电动机牵引器的拆卸方法如图 7-19 所示。

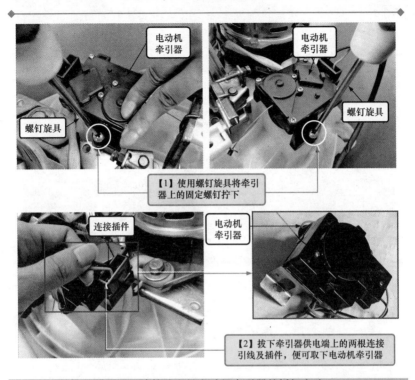

图 7-19　波轮洗衣机电动机牵引器的拆卸方法

 4. 支撑减振系统的拆卸

在波轮洗衣机维修过程中，对支撑减振系统进行拆卸，主要指拆卸吊杆组件。该组件通常安装在与洗衣机滚筒关联紧密的部位，检修时，可先根据检修需要进行拆卸。

吊杆组件的拆卸比较简单，只需将吊杆组件从球面凹槽和吊耳中取下即可。波轮洗衣机吊杆组件的拆卸方法如图 7-20 所示。

 5. 控制电路板的拆卸

全自动的波轮洗衣机通常由控制电路对整机进行控制。该电路通常位于波轮洗衣机围框操作面板的下方，在检修时，可先将其从围框中取下，再根据检修需要进行检修。

对控制电路板进行拆卸时，首先要将波轮洗衣机围框操作面板部分的卡扣撬开，然后找到固定控制电路板与控制面板的固定螺钉，将其拧下，最后将控制电路板上的连接插件拔下即可。

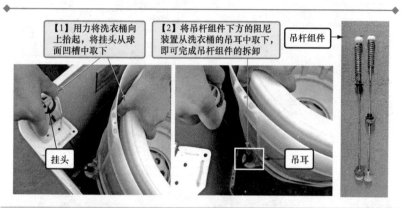

【1】用力将洗衣桶向上抬起，将挂头从球面凹槽中取下

【2】将吊杆组件下方的阻尼装置从洗衣桶的吊耳中取下，即可完成吊杆组件的拆卸

吊杆组件

挂头

吊耳

图 7-20　波轮洗衣机吊杆组件的拆卸方法

波轮洗衣机控制电路板的拆卸方法如图 7-21 所示。

7.2.3　回装并恢复洗衣机的机械性能

波轮洗衣机维修操作完成后，还需要将拆下的部件进行回装，即将修复完成或代换用的各功能部件装回到波轮洗衣机内原安装位置上。

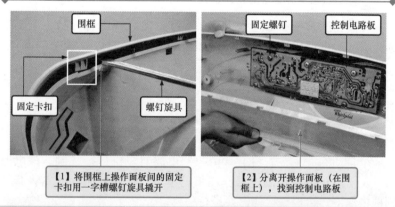

围框

固定螺钉

控制电路板

固定卡扣

螺钉旋具

【1】将围框上操作面板间的固定卡扣用一字槽螺钉旋具撬开

【2】分离开操作面板（在围框上），找到控制电路板

图 7-21　波轮洗衣机控制电路板的拆卸方法

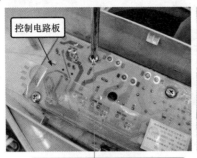

【3】使用螺钉旋具将固定控制电路板与操作面板的固定螺钉拧下

【4】将控制电路板上的连接插件拔下，完成对控制电路板的拆卸

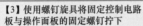

图7-21　波轮洗衣机控制电路板的拆卸方法（续）

在回装操作中需注意，回装的部件应牢固安装在洗衣机中，并确保部件与关联部件、接口插件等的连接紧密、正确，确保回装无误后，将波轮洗衣机的围框、挡板装回洗衣机中，恢复洗衣机的机械性能即可。

7.3　洗衣机的检修技能

7.3.1　洗衣机的检修分析

洗衣机正常工作时按照预定的程序进行，洗衣机在运行的过程中，需要不断对洗衣机的状态进行检测，如果某部位出现故障时，所表现出的故障特征十分明显，能够比较快速地锁定故障部位，然后借助万用表对怀疑部件进行检测即可。

图7-22为洗衣机检修分析过程。

提示

在对洗衣机进行检修之前，应首先了解洗衣机的故障特点与故障现象，并掌握易出现故障的元器件，再对其进行检修。

洗衣机的常见故障有不能进水、进水不止、不能洗涤、不能脱水、不能排水、排水不止、噪声过大等。

- 不能进水是指洗衣机不能通过给水系统将水送入洗衣桶内的故障现象；应重点检查与进水相关部件，如进水电磁阀、进水管等。

- 进水不只是指洗衣机通过进水系统注水时，待到达预定水位后，不能停止进水的故障现象；应重点检查与进水相关的部件和控制部分，如进水电磁阀、水位开关、控制电路等。

- 不能洗涤是指洗衣机不能实现洗涤工作；重点检查与洗涤功能相关的部件，如洗衣机、控制电路等。

- 不能脱水是指洗衣机不能实现脱水工作；重点检查与脱水功能相关的部件，如洗衣机、离合器、控制电路等。

- 不能排水是指洗衣机洗涤完成以后，不能通过排水系统排出洗衣桶内的水；应重点检查与排水相关部件，如排水装置、排水管等。

- 排水不只是指洗衣机总是处于排水操作中，无法停止；应重点检查与排水相关的部件和控制部分，如排水装置、控制电路等。

- 噪声过大是指洗衣机在工作工程中产生异常的声响，严重时造成不能正常工作；应重点检查支撑减振装置。

7.3.2　洗衣机的检修方法

检测洗衣机是否正常时，可对怀疑故障的主要部件进行逐一检测，并判断出所测部件的好坏，从而找出故障原因或故障部件，排除故障。

 1. 功能部件工作电压的检测方法

洗衣机中各功能部件工作，都需要在控制电路的控制下，才能接通电源工作，因此可用万用表检测各功能部件的工作电压来寻找故障线索。

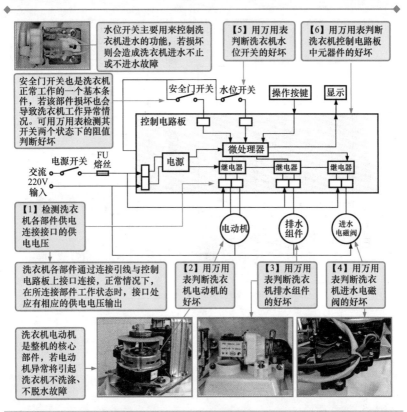

图 7-22　洗衣机检修分析过程

　　各功能部件的供电引线与控制电路板连接，因此可在控制电路板与部件的连接接口处检测电压值，如进水电磁阀供电电压、排水组件供电电压、电动机供电电压等，这里以进水电磁阀供电电压的检测为例进行介绍。

　　进水电磁阀供电电压的检测方法如图 7-23 所示。

　　若经检测交流供电正常，进水电磁阀仍无法正常注水或停止注水异常，则多为进水电磁阀本身故障，应进行进一步检测或更换进水电磁阀。

　　若无交流供电或交流供电异常，则多为控制电路故障，应重点检查进水电磁阀驱动电路（即双向晶闸管和控制线路其他元器件）、微处理器等。

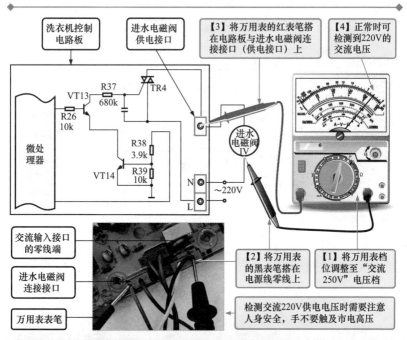

图 7-23　进水电磁阀供电电压的检测方法

🤔 提示

　　对洗衣机进水电磁阀的供电电压进行检测时，需要使洗衣机处于进水状态下时才可进行检测，因此，要求洗衣机中的水位开关均处于初始断开状态（水位开关断开，微处理器输出高电平信号，进水电磁阀得电工作，开始进水；水位开关闭合，微处理器输出低电平信号，进水电磁阀失电，停止进水），并按动洗衣机控制电路上的起动按键，为洗衣机创造进水状态条件。

　　值得注意的是，如果检修洗衣机为波轮洗衣机，进水状态下，安全门开关的状态大多不影响进水状态，即安全门开关开或关时，洗衣机均可进水；如果检修洗衣机为滚筒洗衣机，则若想要使洗衣机处于进水状态，除满足水位开关状态正确，输入起动指令外，还必须将安全门开关（电动门锁）关闭，否则洗衣机无法进入进水状态。

2. 洗衣机电动机的检测方法

洗衣机电动机出现故障后，通常引起洗衣机不洗涤、洗涤异常或脱水异常等故障，在使用万用表检测的过程中，可通过万用表检测电动机绕组阻值的方法判断好坏。

洗衣机电动机的检测方法如图7-24所示。

 3. 进水电磁阀的检测方法

洗衣机进水电磁阀出现故障后，常引起洗衣机不进水、进水不止或进水缓慢等故障，在使用万用表检测的过程中，可通过对进水电磁阀内线圈阻值进行检测来判断好坏。

洗衣机进水电磁阀的检测方法如图7-25所示。

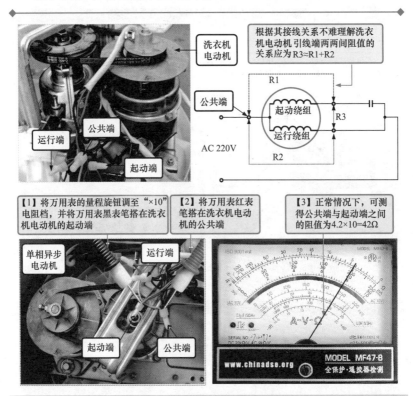

图7-24　洗衣机电动机的检测方法

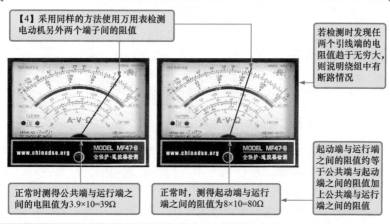

【4】采用同样的方法使用万用表检测电动机另外两个端子间的阻值

若检测时发现任两个引线端的电阻值趋于无穷大，则说明绕组中有断路情况

正常时测得公共端与运行端之间的电阻值为3.9×10=39Ω

正常时，测得起动端与运行端之间的阻值为8×10=80Ω

起动端与运行端之间的阻值约等于公共端与起动端之间的阻值加上公共端与运行端之间的阻值

图7-24　洗衣机电动机的检测方法（续）

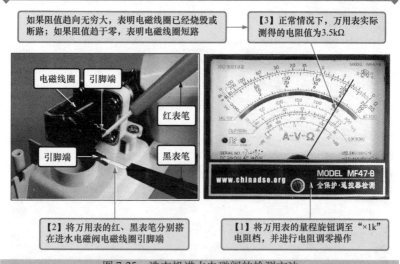

如果阻值趋向无穷大，表明电磁线圈已经烧毁或断路；如果阻值趋于零，表明电磁线圈短路

【3】正常情况下，万用表实际测得的电阻值为3.5kΩ

电磁线圈　引脚端

红表笔

引脚端　黑表笔

【2】将万用表的红、黑表笔分别搭在进水电磁阀电磁线圈引脚端

【1】将万用表的量程旋钮调至"×1k"电阻档，并进行电阻调零操作

图7-25　洗衣机进水电磁阀的检测方法

4. 排水装置的检测方法

　　洗衣机排水装置出现故障后，常引起洗衣机排水异常的故障，在使用万用表检测的过程中，应重点对排水装置中牵引器进行检测。洗衣机排水装置中牵引器的检测方法如图7-26所示。

未按下微动开关压钮时，微动开关关闭

导线端子

【2】将万用表的红、黑表笔分别搭在电磁铁牵引器的导线端子上

【3】实际测得的电阻值为114Ω

【1】将万用表的量程调整至"×10"电阻档

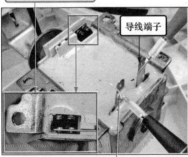

按下微动开关压钮时，微动开关断开

导线端子

【5】将万用表的红、黑表笔分别搭在电磁铁牵引器的导线端子上

【6】正常情况下，实际测得的电阻值为3.2kΩ

【4】将万用表的量程调整至"×1k"电阻档

图7-26　洗衣机排水装置中牵引器的检测方法

提示

　　上述检测中的排水装置属于电磁铁式牵引器，另外还有一种电动机牵引器，检测方法相似。

　　在检测中，所测得的两个阻值如果过大或者过小，都说明电磁铁牵引器线圈出现短路或者开路故障。并且在没有按下微动开关压钮时，所测得的阻值超过200Ω，就可以判断为转换触点接触不良。此时，就可以将电磁铁牵引器拆卸下来，查看转换触点是否被烧蚀导致其接触不良，可以通过清洁转换触点以排除故障。

5. 水位开关的检测方法

洗衣机的水位开关出现故障后，常导致洗衣机出现不进水、进水不止或进水量不足等故障，在使用万用表检测过程中，可通过对水位开关阻值的检测来判断好坏。

洗衣机水位开关的检测方法如图 7-27 所示。

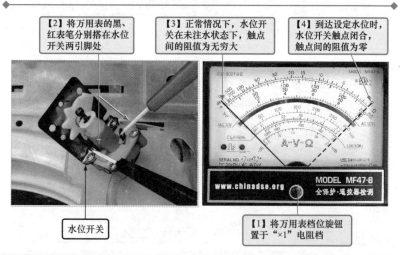

【2】将万用表的黑、红表笔分别搭在水位开关两引脚处

【3】正常情况下，水位开关在未注水状态下，触点间的阻值为无穷大

【4】到达设定水位时，水位开关触点闭合，触点间的阻值为零

水位开关

【1】将万用表档位旋钮置于"×1"电阻档

图 7-27　洗衣机水位开关的检测方法

6. 控制电路板的检测方法

洗衣机控制电路板是整机的控制核心，若该电路板异常，将导致洗衣机各种控制功能失常。怀疑控制电路板异常时，可用万用表对电路板上的主要元器件进行检测，以判断好坏，如微处理器、晶体、变压器、整流二极管、双向晶闸管、操作按键、指示灯、稳压器件等。

下面以较易损坏的双向晶闸管为例进行介绍。

双向晶闸管是洗衣机中各功能部件供电线路中的电子开关，当双向晶闸管在微处理器控制下导通时，功能部件得电工作；当双向晶闸管截止时，功能部件失电停止工作。若该器件损坏将导致相应功能部件无法得电，进而引起洗衣机相应功能失常或不动作故障。

　　一般可用万用表检测双向晶闸管引脚间阻值的方法判断其好坏。洗衣机控制电路板中双向晶闸管的检测方法如图7-28所示。

【3】将万用表的红表笔搭在双向晶闸管TR1的T2极引脚上

【4】正常情况下，用万用表检测双向晶闸管T1、T2间阻值应趋于无穷大

检测双向晶闸管其他两引脚间阻值，正常时均无阻值过小的情况，否则晶闸管击穿短路

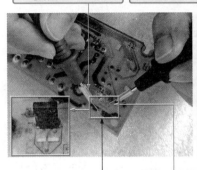

双向晶闸管TR1

【2】将万用表的黑表笔搭在双向晶闸管TR1的T1极引脚上

【1】将万用表的量程旋钮调至"×1"电阻档，并进行电阻调零操作

图7-28　洗衣机控制电路板中双向晶闸管的检测方法

第8章
电热水壶的拆装与检修技能

8.1　电热水壶的结构原理

8.1.1　电热水壶的结构特点

　　电热水壶是用来快速加热饮水的小家电产品，也是目前很多家庭中的生活必备品。电热水壶的种类多样，外形设计也各具特色，但不论电热水壶的设计如何独特，外形如何变化，电热水壶的基本结构组成还是大同小异的，如图8-1所示为典型电热水壶的实物外形。

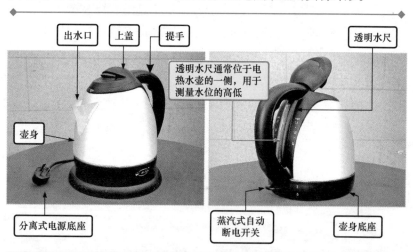

出水口　上盖　提手　　　　　　　　　　　　　透明水尺

透明水尺通常位于电热水壶的一侧，用于测量水位的高低

壶身

分离式电源底座　　　　蒸汽式自动断电开关　　壶身底座

图8-1　典型电热水壶的实物外形

　　通过图8-1可以发现，电热水壶主要由电源底座、壶身底座、蒸汽式自动断电开关等构成，其中电源底座、蒸汽式自动断电开关

等为电热水壶的机械部件。

 1. 电源底座

在电热水壶中，电源底座是用于对电热水壶进行供电的主要部件。它主要是由一个圆形的底座和一个可以和水壶底座相吻合的底座插座以及电源线构成的，如图8-2所示。

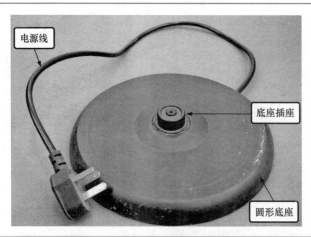

图 8-2　电热水壶中电源底座的外形

 2. 壶身底座

在电热水壶的底部即为壶身底座，将电热水壶的壶体与壶身底座分离后，即可看到电热水壶壶身底座的内部结构，如图8-3所示。

由图8-3可知，电热水壶中的加热盘、温控器、蒸汽式自动断电开关以及热熔断器等部件均安装在壶身底座中。

 3. 加热盘

加热盘是为电热水壶加热的部件，主要是用于对电热水壶内的水进行加热，图8-4所示为加热盘的实物外形和结构图。

 4. 温控器

温控器是电热水壶中关键的一种保护器件，用于防止蒸汽式自动断电开关损坏后，电热水壶内的水被烧干，其实物外形如图8-5所示。

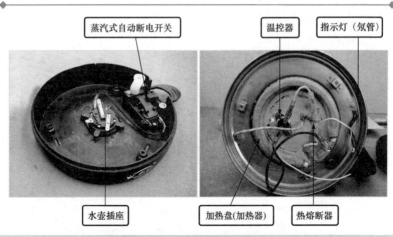

图 8-3　电热水壶中壶身底座的外形

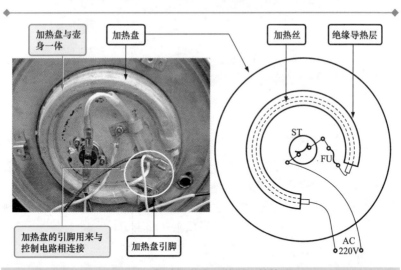

图 8-4　加热盘的实物外形和结构图

5. 蒸汽式自动断电开关

蒸汽式自动断电开关是控制电热水壶中自动断电的装置。当电热水壶内的水沸腾后，水蒸气通过导管使蒸汽式自动断电开关断开电源，停止电热水壶的加热，如图 8-6 所示。

图 8-5　温控器的实物外形

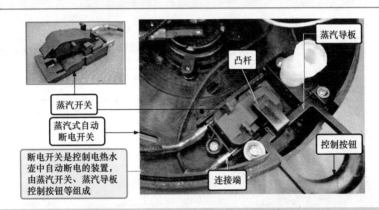

图 8-6　蒸汽式自动断电开关的实物外形

 6. 热熔断器

热熔断器是电热水壶的过热保护器件之一，用于防止温控器、蒸汽式自动断电开关损坏后，电热水壶持续加热。图 8-7 所示为热熔断器的实物外形。

8.1.2　电热水壶的工作原理

电热水壶主要是用于快速加热饮用水，根据电热水壶的功能，可知电热水壶主要是通过不同功能的部件实现对壶内水温的控制，如图 8-8 所示。

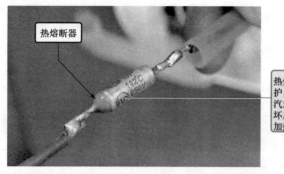

热熔断器

热熔断器用于过热保护，防止温控器、蒸汽式自动断电开关损坏后，电热水壶持续加热

图8-7　热熔断器的实物外形

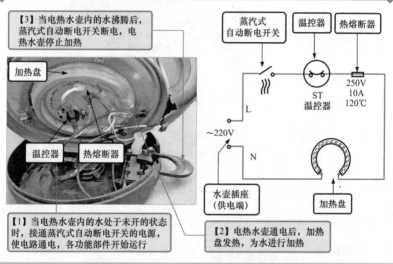

【3】当电热水壶内的水沸腾后，蒸汽式自动断电开关断电，电热水壶停止加热

加热盘

温控器　热熔断器

蒸汽式自动断电开关

温控器

热熔断器

ST
温控器

250V
10A
120℃

L

~220V

N

水壶插座
（供电端）

加热盘

【1】当电热水壶内的水处于未开的状态时，接通蒸汽式自动断电开关的电源，使电路通电，各功能部件开始运行

【2】电热水壶通电后，加热盘发热，为水进行加热

图8-8　电热水壶的控制关系

由图8-8可知，电热水壶中各功能部件在控制加热水温的过程中有着非常重要的作用，下面分别对这些功能部件的工作原理进行学习。

 1. 蒸汽式自动断电开关的工作原理

蒸汽式自动断电开关是感应水蒸气的器件，当水烧开后，由电热水壶产生的水蒸气使蒸汽式开关自动断开，图8-9为蒸汽式自动断电开关的工作原理图。

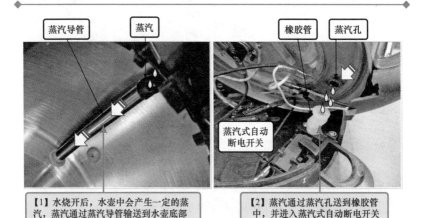

【1】水烧开后，水壶中会产生一定的蒸汽，蒸汽通过蒸汽导管输送到水壶底部

【2】蒸汽通过蒸汽孔送到橡胶管中，并进入蒸汽式自动断电开关

【3】当蒸汽未进入到蒸汽式自动断电开关时，蒸汽式自动断电开关处于闭合状态，使水壶处于加热状态

【4】蒸汽进入蒸汽式自动断电开关后，蒸汽式自动断电开关内部的断电弹簧片会受热变形，使蒸汽式自动断电开关动作，从而实现自动断电的作用

图 8-9　蒸汽式自动断电开关的工作原理

　　当水壶内的水烧开以后，产生的水蒸气经过水壶内的蒸汽导管送到水壶底部的橡胶管，由蒸汽导板再将蒸汽送入蒸汽式自动断电开关内。蒸汽式自动断电开关内部的断电弹簧片会受热变形，使蒸汽式自动断电开关动作，从而实现自动断电的作用。

 2. 加热盘的工作原理

　　电热水壶的加热盘是实现煮水加热功能的核心器件，它一般与壶身制成一体，通过连接引脚与控制电路连接，实现对水的加热，

如图 8-10 所示。

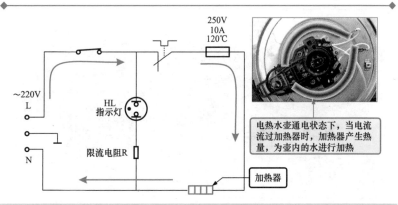

电热水壶通电状态下，当电流流过加热器时，加热器产生热量，为壶内的水进行加热

图 8-10　电热水壶加热盘

　　加热盘工作的实质是将电能转换成热能，也就是当有电流流过导体时，通电导体会发热，发热公式为：热量 = 导体电阻值 × 电流 × 时间，由此可见只要把电热器中的电阻做得很大（比电线的电阻值大很多），在通电电流相同，通电时间相同的情况下，加热盘所产生的热量就比电线的热量大很多，从而实现加热效果。

 3. 过热保护组件的工作原理

　　电热水壶中的过热保护组件主要包括温控器和热熔断器，均能够因过热切断电路起到过热保护功能。图 8-11 所示典型电热水壶中的过热保护组件。

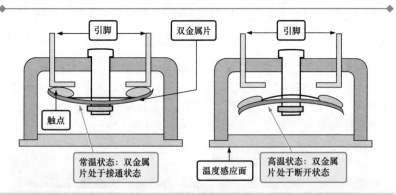

图 8-11　过热保护组件

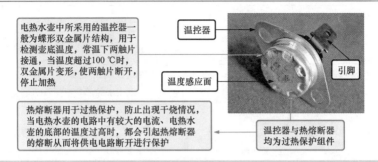

电热水壶中所采用的温控器一般为蝶形双金属片结构，用于检测壶底温度，常温下两触片接通，当温度超过100 ℃时，双金属片变形，使两触片断开，停止加热

温控器

引脚

温度感应面

热熔断器用于过热保护，防止出现干烧情况，当电热水壶的电路中有较大的电流、电热水壶的底部的温度过高时，都会引起热熔断器的熔断从而将供电电路断开进行保护

温控器与热熔断器均为过热保护组件

图 8-11　过热保护组件（续）

8.2　电热水壶的拆装技能

　　电热水壶的拆装操作可按照基本操作流程，先对外部机械部件拆卸，然后对壶身拆卸，并结合实际的维修需求进行实际操作，下面以典型电热水壶为例，介绍电热水壶的拆装方法。

8.2.1　电热水壶电源底座的拆卸

　　对电热水壶的电源底座进行拆卸时，先对电源底座的固定方式进行观察，查看并分析拆卸的入手点以及螺钉或卡扣的紧固部位，然后再使用工具对电源底座进行拆卸。

　　电热水壶电源底座的拆卸方法如图 8-12 所示。

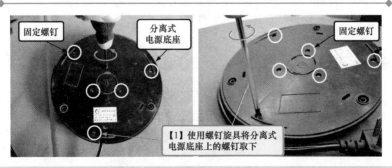

固定螺钉

分离式电源底座

固定螺钉

【1】使用螺钉旋具将分离式电源底座上的螺钉取下

图 8-12　电热水壶电源底座的拆卸方法

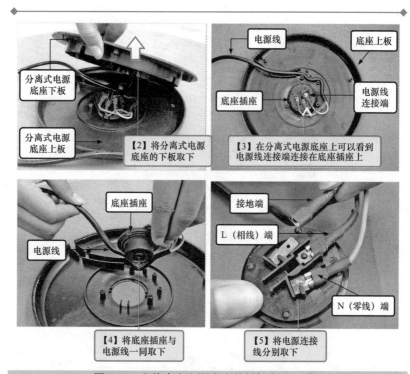

图 8-12　电热水壶电源底座的拆卸方法（续）

8.2.2　电热水壶壶身的拆卸

对电热水壶的壶身进行拆卸时，应先明确壶身的固定位置和固定方式，然后再使用适当的拆卸工具对关键部件进行拆卸。

电热水壶壶身的拆卸方法如图 8-13 所示。

8.2.3　回装并恢复电热水壶的机械性能

电热水壶维修操作完成后，还需要将拆卸的部件重新进行回装，即将修复完成或代换用的各功能部件装回到电热水壶的原安装位置上。

在进行回装的操作中需注意，回装的部件应牢固地安装在电热水壶中，并确保各部件间的关联、连接线等的连接紧密、正确，确保回装无误后，即可恢复电热水壶的机械性能。

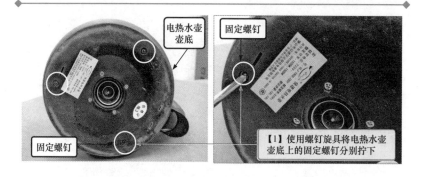

固定螺钉

电热水壶壶底

【1】使用螺钉旋具将电热水壶壶底上的固定螺钉分别拧下

固定螺钉

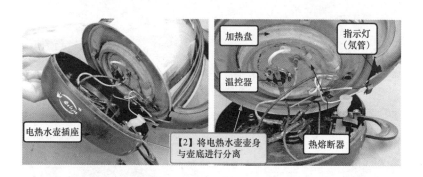

加热盘

指示灯（氖管）

温控器

电热水壶插座

热熔断器

【2】将电热水壶壶身与壶底进行分离

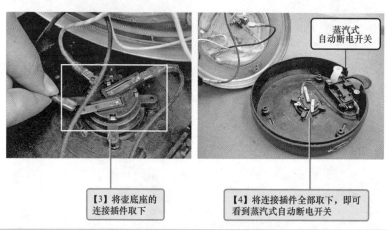

蒸汽式自动断电开关

【3】将壶底座的连接插件取下

【4】将连接插件全部取下，即可看到蒸汽式自动断电开关

图8-13　电热水壶壶身的拆卸方法

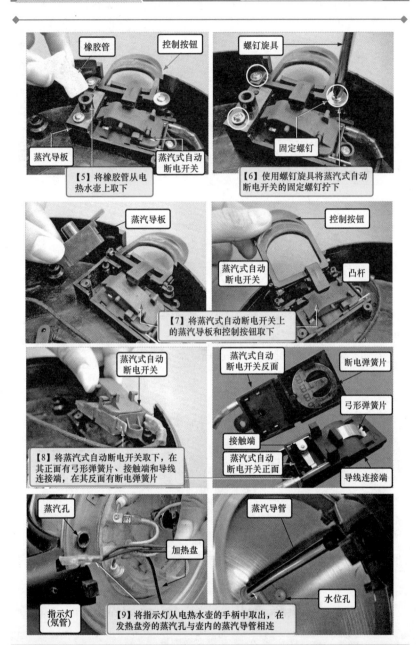

【5】将橡胶管从电热水壶上取下

【6】使用螺钉旋具将蒸汽式自动断电开关的固定螺钉拧下

【7】将蒸汽式自动断电开关上的蒸汽导板和控制按钮取下

【8】将蒸汽式自动断电开关取下，在其正面有弓形弹簧片、接触端和导线连接端，在其反面有断电弹簧片

【9】将指示灯从电热水壶的手柄中取出，在发热盘旁的蒸汽孔与壶内的蒸汽导管相连

图 8-13 电热水壶壶身的拆卸方法（续）

8.3　电热水壶的检修技能

8.3.1　电热水壶机械部件的检修方法

　　由于电热水壶使用的频率较高，出现不加热或加热异常时，大多是由主要机械部件损坏所引起的故障，并且由于其相对来说结构并不复杂，因此对于电热水壶的维修也相对的简单一些。下面主要对电热水壶中主要的机械部件，如电源底座、蒸汽导管以及蒸汽式自动断电开关等进行检修。

　1. 电源底座的检修方法

　　电源底座是为整个电热水壶进行供电的，如果发生损坏会导致电热水壶无法工作。在对电源底座进行检修时，可以采用按压的方法检测电源底座的工作状态是否正常。

　　使用镊子按压电源底座，如果底座插座损坏，按压后底座插座无法弹起，或者按压时底座插座无法完全按下，说明其内部弹簧出现故障；另外，在按压后还应注意检查其内部是否出现严重锈迹，而导致无法供电，若有锈迹产生则应使用砂纸对其进行打磨以排除故障。

　　电源底座的检修方法如图8-14所示。

　2. 蒸汽导管的检修方法

　　蒸汽导管是排出蒸汽的通道，排出的蒸汽送到蒸汽式自动断电开关，进而触发蒸汽式自动断电开关动作，实现水烧开后自动断电的功能。

　　若蒸汽导管上方的孔堵塞，水蒸气将无法送至蒸汽式自动断电开关，导致电热水壶无法自动断电；若蒸汽导管的底部泄漏，会导致电热水壶漏电。

　　在对其进行检测时，可向蒸汽导管上的孔滴入几滴水，查看蒸汽式自动断电开关是否断开，若蒸汽式自动断电开关可以断开，表明蒸汽导管正常。

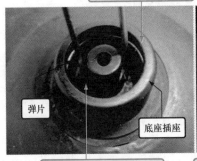

底座插座位于分离式电源底座的中心位置

【2】当发现底座插座上有锈迹时，可使用砂纸对其进行打磨

弹片

底座插座

分离式电源底座

【1】使用镊子将分离式电源底座插座上的弹片进行按压　→　分离式电源底座插座的弹片按下后，无法弹起或不能完全按下说明内部弹簧出现故障

图 8-14　电源底座的检修方法

　　若是将水注入壶中，查看蒸汽孔周围是否有水渗出，无水渗出时说明蒸汽导管无泄漏。蒸汽导管的检修方法如图 8-15 所示。

 3. 蒸汽式自动断电开关的检修方法

　　蒸汽式自动断电开关是控制电热水壶自动断电的装置，若电热水壶出现壶内水长时间沸腾而无法断电或无法进行加热时，则需要对蒸汽式自动断电开关进行检修。

　　在对其进行检修时，可先通过直接观察法检查开关与电路的连接、橡胶管的连接、蒸汽式自动断电开关以及接触端等部件的状态和关系，即先排除机械故障。若从表面无法找到故障，可再借助万用表检测蒸汽式自动断电开关能够实现正常的"通、断"控制状态。用万用表检测蒸汽式自动断电开关的通、断状态的操作方法如图 8-16 所示。

8.3.2　电热水壶电路部分的检修方法

　　电热水壶电路部分用于对电热水壶的烧水工作进行控制。若电热水壶出现工作失常、不加热等故障现象时，在排除机械部件的故障后，则需要对电热水壶中电路部分的各功能元器件进行检修，如加热盘、温控器、热熔断器等。

【1】检查蒸汽导管是否通畅时，可以通过蒸汽导管上的孔滴入几滴水

蒸汽导管

蒸汽式自动断电开关

当水蒸汽顺蒸汽导管到达管底，水滴触动蒸汽式自动断电开关时蒸汽式自动断电开关自动抬起，说明蒸汽导管畅通

蒸汽导管

【2】将水灌入电热水壶中，检查蒸汽导管底部是否有漏水现象

蒸汽口

棉签

将电热水壶举起，使用棉签擦拭蒸汽口的边缘，若棉签变湿，则说明该蒸汽导管有泄漏

图 8-15　蒸汽导管的检修方法

当蒸汽式自动断电开关检测到蒸汽温度时，内部金属片变形动作，触点断开，此时万用表测其触点间阻值应为无穷大

【3】开关被压下，处于闭合状态时，万用表测触点间阻值应为零

MODEL MF47-B
www.chinadse.org
全保护·遥控器检测

蒸汽式自动断电开关

【2】将万用表的红、黑表笔分别搭在蒸汽式断电开关的两个接线端子上

【1】将万用表档位旋钮置于"×1"电阻档

图 8-16　蒸汽式自动断电开关的检测方法

1. 加热盘的检修方法

加热盘是为电热水壶中的水进行加热的重要器件，该元器件不轻易损坏。若电热水壶出现无法正常加热的故障时，在排除各机械部件的故障后，则需要对加热盘进行检修。

对加热盘进行检修时，可以使用万用表检测加热盘阻值的方法判断其好坏。加热盘的检修方法如图 8-17 所示。

【1】将万用表的红、黑表笔分别搭在加热盘的两连接端上

【2】正常情况下，万用表显示的数值为40 Ω左右

图 8-17　加热盘的检修方法

 2. 温控器的检修方法

温控器是电热水壶中关键的保护器件，若电热水壶出现加热完成后不能自动跳闸，以及无法加热的故障时，若机械部件均正常，则需要对温控器进行检修。

检修温控器时可使用万用表电阻档检测其在不同温度条件下两引脚间的通断情况，来判断好坏。温控器的检修方法如图 8-18 所示。

 3. 热熔断器的检修方法

热熔断器是整机的过热保护器件，若电热水壶出现无法工作的故障时，排除以上各元器件的故障后，则应对热熔断器进行检修。

判断热熔断器的好坏可使用指针万用表电阻档检测其阻值。正常情况下，热熔断器的阻值为零，若实测阻值为无穷大说明热熔断器损坏。

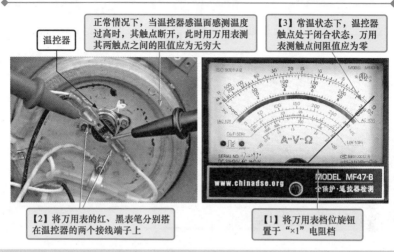

正常情况下，当温控器感温面感测温度过高时，其触点断开，此时用万用表测其两触点之间的阻值应为无穷大

温控器

【3】常温状态下，温控器触点处于闭合状态，万用表测触点间阻值应为零

【2】将万用表的红、黑表笔分别搭在温控器的两个接线端子上

【1】将万用表档位旋钮置于"×1"电阻档

图 8-18　温控器的检修方法

热熔断器的检修方法如图 8-19 所示。

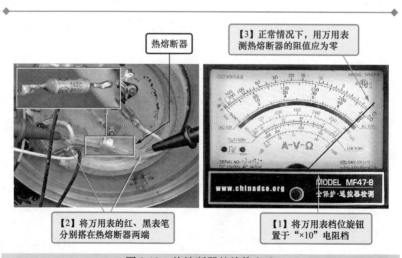

热熔断器

【3】正常情况下，用万用表测热熔断器的阻值应为零

【2】将万用表的红、黑表笔分别搭在热熔断器两端

【1】将万用表档位旋钮置于"×10"电阻档

图 8-19　热熔断器的检修方法

第9章

电饭煲的拆装与检修技能

9.1 电饭煲的结构原理

9.1.1 电饭煲的结构特点

电饭煲俗称电饭锅，电饭煲可利用锅体底部的电热器（电热丝）加热产生高能量，以实现炊饭功能。图 9-1 所示为典型微电脑式电饭煲的实物外形及内部结构。

由图 9-1 可知，微电脑式电饭煲主要由内锅、加热盘、限温器、保温加热器、操作显示电路板以及外围部件构成。

 1. 内锅

内锅（也称内胆）是电饭煲中用来煮饭的容器，常位于电饭煲外壳内中心的位置，在其内壁上标有刻度，用来指示放米量和放水量，如图 9-2 所示。

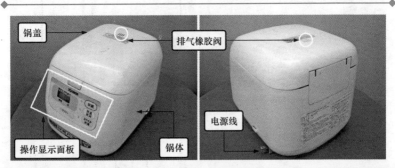

图 9-1　典型微电脑式电饭煲的实物外形

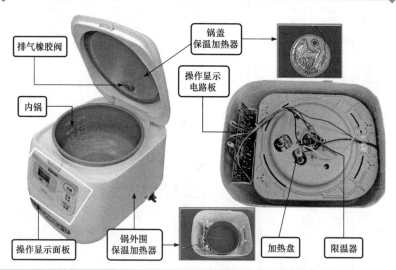

图 9-1　典型微电脑式电饭煲的实物外形（续）

图 9-2　典型电饭煲的内锅实物外形

 2. 加热盘

加热盘是电饭煲的主要部件之一，是用来为电饭煲提供热源的部件，通常位于电饭煲的底部，其中供电端位于加热盘的底部，通过连接片与供电导线相连，如图9-3所示。

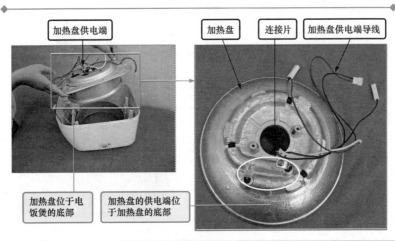

图9-3　加热盘的实物外形

3. 限温器

限温器是电饭煲煮饭完成后自动断电装置，用来感应内锅的热量，从而判断锅内食物是否加热成熟。限温器通常安装在电饭煲底部的加热盘中心位置，与内锅直接接触，如图9-4所示。

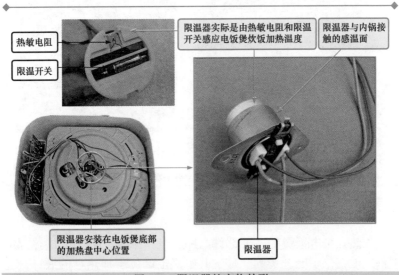

图9-4　限温器的实物外形

扩展

在机械式电饭煲中，限温器通常采用磁钢限温器，通过炊饭开关的上下运动对其进行控制，如图9-5所示。机械式电饭煲与微电脑式电饭煲的主要区别就是控制方式的不同。

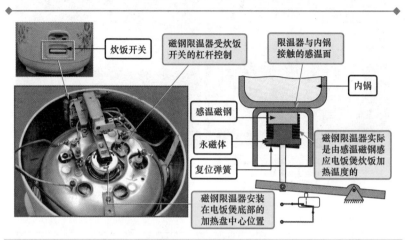

炊饭开关

磁钢限温器受炊饭开关的杠杆控制

限温器与内锅接触的感温面

内锅

感温磁钢

永磁体

复位弹簧

磁钢限温器实际是由感温磁钢感应电饭煲炊饭加热温度的

磁钢限温器安装在电饭煲底部的加热盘中心位置

图9-5　磁钢限温器

 4. 保温加热器

保温加热器分别设置在内锅的周围和锅盖的内侧，用于对锅内的食物起到保温的作用，如图9-6所示。

 5. 操作显示电路板

操作显示电路板位于电饭煲前端的锅体壳内，用户可以根据需要对电饭煲进行控制，并由指示部分显示电饭煲的当前工作状态，如图9-7所示。由图可知，该电路主要包括操作按键、指示灯、液晶显示屏、过电压保护器、蜂鸣器和控制继电器等。

9.1.2　电饭煲的工作原理

不同控制方式的电饭煲其功能均是实现炊饭功能，为了更深入了解电饭煲整机控制过程，下面以典型电饭煲的控制关系为例对其进行介绍。图9-8为典型微电脑式电饭煲的控制示意图。

锅外围保温加热器

锅外围保温加热器安在外锅的周围

锅盖保温加热器安装在锅盖内

锅盖保温加热器

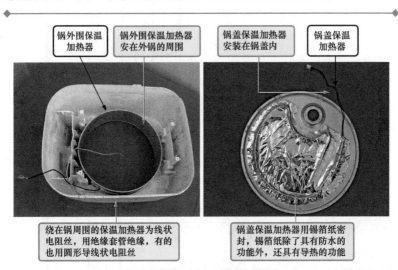

绕在锅周围的保温加热器为线状电阻丝，用绝缘套管绝缘，有的也用圆形导线状电阻丝

锅盖保温加热器用锡箔纸密封，锡箔纸除了具有防水的功能外，还具有导热的功能

图9-6　保温加热器的实物外形

操作显示面板位于电饭煲前端

过电压保护器

控制继电器

蜂鸣器

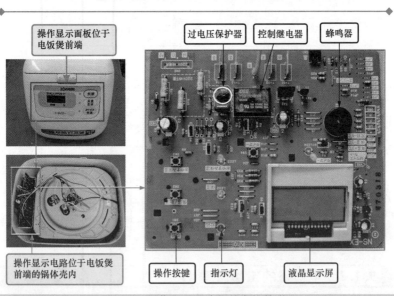

操作显示电路位于电饭煲前端的锅体壳内

操作按键

指示灯

液晶显示屏

图9-7　操作显示电路板的实物外形

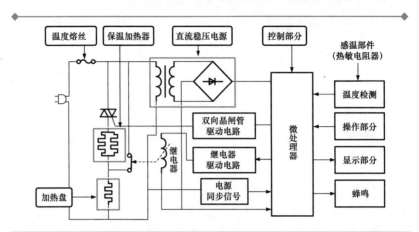

图 9-8　典型微电脑式电饭煲的控制简单示意图

 1. 电饭煲的加热过程

当微电脑式电饭煲开始工作时，交流 220V 市电经直流稳压电路后输出直流电压为控制电路供电。

操作电路主要是为微电脑提供人工指令。

控制部分的微处理器输出驱动信号使继电器接通，交流 220V 电压经继电器的触点为加热盘供电，微电脑式电饭煲开始加热，如图 9-9 所示。

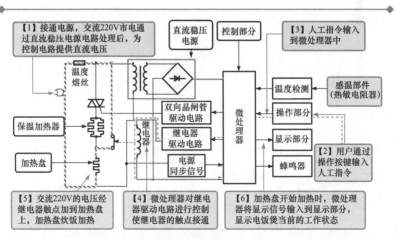

图 9-9　电饭煲的加热过程

2. 电饭煲的保温过程

微电脑式电饭煲在加热过程中，锅底内限温器中的热敏电阻不断将温度信号传送给控制部分的微处理器，当锅底内没有水时，温度超过100℃，此时控制电路的微处理器输出"饭熟"的信号，继电器断电并释放开关触点，电饭煲停止加热；同时微处理器输出驱动信号驱动双向晶闸管导通，交流220V经双向晶闸管将电压加到保温加热器和加热盘上，此时，保温加热器与加热器串联，其电阻值较大，流过的电流很小，产生的热量只能维持保温功能，微电脑式电饭煲进入保温过程，如图9-10所示。

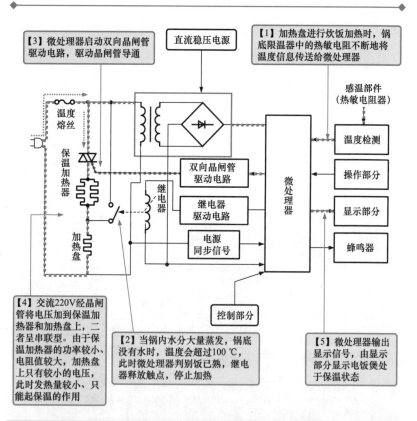

图9-10　电饭煲的保温过程

扩展

在机械式电饭煲中，当电饭煲完成加热工作后，主要是由限温器进行控制。如图 9-11 所示，电饭煲工作时，是由交流 220V 电压经电源开关加到加热盘上，加热盘发热，开始对内锅进行炊饭，同时电饭煲中的加热指示灯亮；

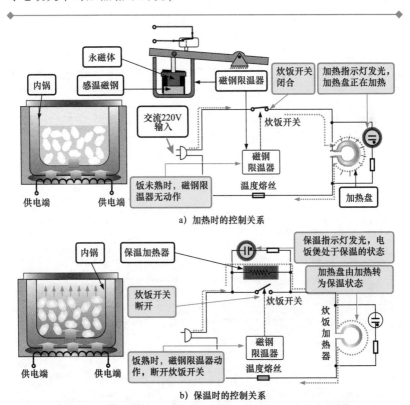

a) 加热时的控制关系

b) 保温时的控制关系

图 9-11　机械控制式电饭煲电路的控制关系

当饭煮好的时候，电饭煲内便含有一定的热量。这时候，温度会一直停留在沸点，直至水分蒸发后，电饭煲里的温度便会再次上升。当温度上升超过 100℃后，磁钢限温器内的感温磁钢失去磁性，释放永磁体，永磁体通过杠杆使炊饭开关断开。

9.2　电饭煲的拆装技能

在对电饭煲进行检修时，对其拆装是非常重要的操作环节。机械式电饭煲和微电脑式电饭煲拆装时的步骤基本类似，应先对锅盖拆卸，然后再对底座、电路板及连接线等拆卸，下面以典型微电脑式电饭煲的拆装为例进行介绍。

9.2.1　锅盖的拆卸

拆卸电饭煲的锅盖时，需要先查看并分析拆卸的入手点以及螺钉、卡扣的部位，然后再使用工具对关键的部件进行拆卸。

电饭煲锅盖的拆卸方法如图9-12所示。

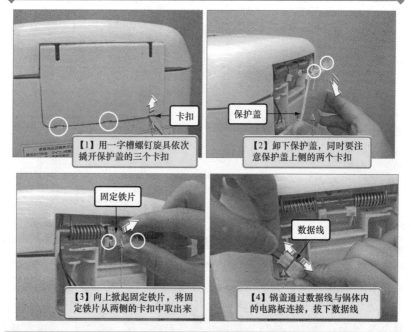

卡扣

【1】用一字槽螺钉旋具依次撬开保护盖的三个卡扣

保护盖

【2】卸下保护盖，同时要注意保护盖上侧的两个卡扣

固定铁片

【3】向上掀起固定铁片，将固定铁片从两侧的卡扣中取出来

数据线

【4】锅盖通过数据线与锅体内的电路板连接，拔下数据线

图9-12　电饭煲锅盖的拆卸方法

锅盖弹簧末端
卡在锅体内

【6】向上拿起锅盖内
侧的排气橡胶阀

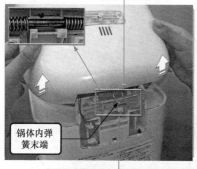

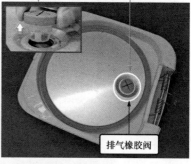

锅体内弹
簧末端

排气橡胶阀

【5】打开锅盖，双手向上抬起锅盖，即可将整个锅盖取下来，
取下锅盖的同时要注意将锅盖弹簧的末端从锅体内取出来

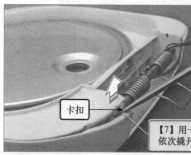

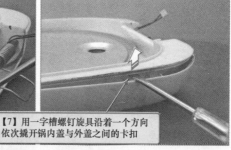

卡扣

【7】用一字槽螺钉旋具沿着一个方向
依次撬开锅内盖与外盖之间的卡扣

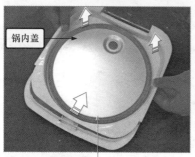

锅内盖

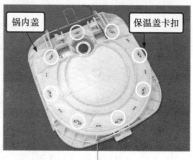

锅内盖

保温盖卡扣

【8】全部撬开卡扣之后，将锅内盖
从锅外盖较大的卡扣中取出来

【9】翻转锅内盖，可以看到锅内盖与保
温盖是通过八个卡扣固定在一起的

图9-12　电饭煲锅盖的拆卸方法（续）

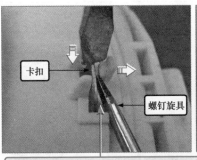

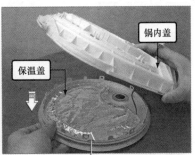

【10】用一字槽螺钉旋具向外拨动卡扣，然后再用另外一个一字槽螺钉旋具向下按压保温板卡扣

【11】直到把八个卡扣全部撬开后，从锅内盖中取下保温盖

【12】按动锅内盖弹簧钢轴卡扣的同时，向外抽出弹簧钢轴，卸下弹簧钢轴和弹簧

【13】将保温盖周围的密封胶圈取下来

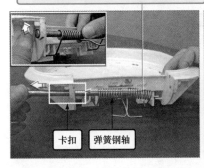

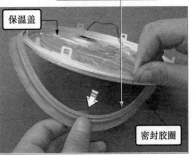

图 9-12　电饭煲锅盖的拆卸方法（续）

9.2.2　底座的拆卸

微电脑式电饭煲的底座通常是由固定螺钉进行固定的，在对底座进行拆卸时，应先使用合适的工具将其取下，然后再取下底座部分。

电饭煲底座的拆卸方法如图 9-13 所示。

9.2.3　电路板的拆卸

在对微电脑式电饭煲的电路板进行拆卸时，应先对其固定方式进行判断，将固定卡扣、固定螺钉或是连接线取下、断开，然后再使用拆卸工具取下固定部件。

内锅

电饭煲锅体

【1】拆卸底座之前，先将内锅从锅体中取出来

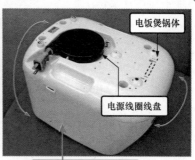

电饭煲锅体

电源线圈线盘

【2】将电饭煲锅体翻转过来，放置在桌子上

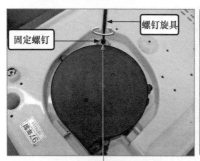

螺钉旋具

固定螺钉

【3】用十字槽螺钉旋具拧下电源线卷线盘的固定螺钉

电源线圈线盘

【4】拧下电源线卷线盘的固定螺钉后，将其翻过来

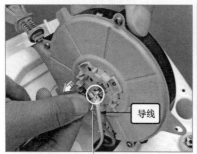

导线

【5】将电源线卷线盘的两根导线拔下，并将电源线卷线盘整体卸下来

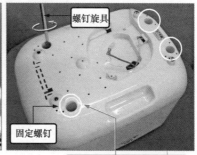

螺钉旋具

固定螺钉

【6】用十字槽螺钉旋具拧下固定电饭煲底座的四个螺钉

图9-13　电饭煲底座的拆卸方法

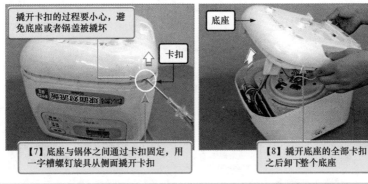

图 9-13　电饭煲底座的拆卸方法（续）

电饭煲电路板的拆卸方法如图 9-14 所示。

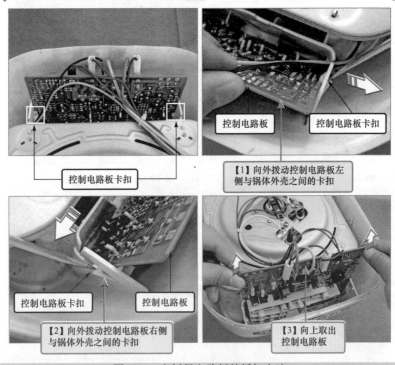

图 9-14　电饭煲电路板的拆卸方法

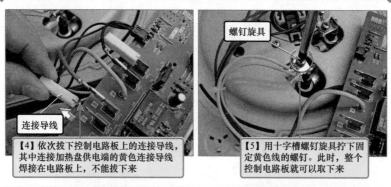

【4】依次拔下控制电路板上的连接导线，其中连接加热盘供电端的黄色连接导线焊接在电路板上，不能拔下来

连接导线

螺钉旋具

【5】用十字槽螺钉旋具拧下固定黄色线的螺钉。此时，整个控制电路板就可以取下来

图 9-14   电饭煲电路板的拆卸方法（续）

9.2.4   炊饭装置部分的拆卸

微电脑式电饭煲的炊饭装置较为集中，在对其进行拆卸时，应先明确其固定位置和方式，然后使用适当的拆卸工具将其取下。

电饭煲炊饭装置的拆卸方法如图 9-15 所示。

9.2.5   回装并恢复电饭煲的机械性能

电饭煲维修操作完成后，还需要将拆卸的部件重新进行回装，即将修复完成或代换用的各功能部件装回到电饭煲的原安装位置上。

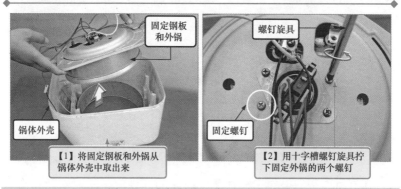

固定钢板和外锅

锅体外壳

【1】将固定钢板和外锅从锅体外壳中取出来

螺钉旋具

固定螺钉

【2】用十字槽螺钉旋具拧下固定外锅的两个螺钉

图 9-15   电饭煲炊饭装置的拆卸方法

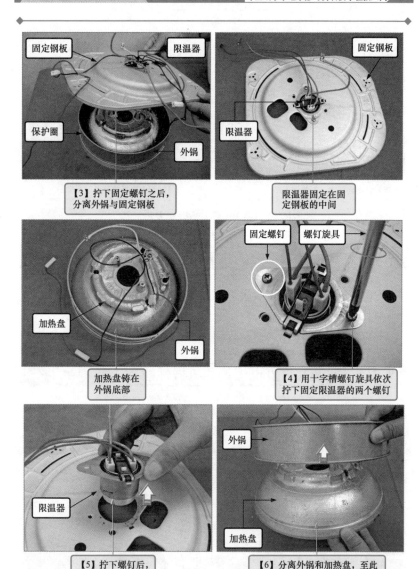

【3】拧下固定螺钉之后，分离外锅与固定钢板

限温器固定在固定钢板的中间

加热盘铸在外锅底部

【4】用十字槽螺钉旋具依次拧下固定限温器的两个螺钉

【5】拧下螺钉后，卸下限温器

【6】分离外锅和加热盘，至此炊饭装置部分拆卸完成

图 9-15 电饭煲炊饭装置的拆卸方法（续）

　　在进行回装的操作中需注意，回装的部件应牢固地安装在电饭煲中，并确保各部件间的关联、连接线等的连接紧密、正确，确保

回装无误后，即可恢复电饭煲的机械性能。

9.3　电饭煲的检修技能

9.3.1　电饭煲的检修分析

　　电饭煲出现故障主要表现为不通电、不加热、不保温等，当电饭煲出现上述故障后，除了对基本机械部件、电源线通、断进行检查外，还需要对一些控制部件进行检修，即检测电饭煲中的磁钢限温器、双金属片恒温器、加热盘等，通过对各部件性能参数的检测判断好坏，从而完成电饭煲的故障检修。

　　图 9-16 所示为电饭煲的检修分析。

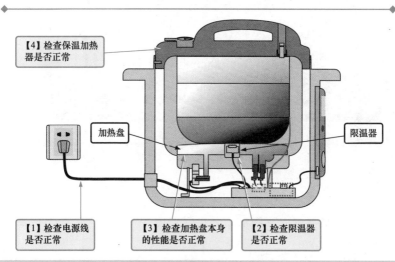

图 9-16　电饭煲的检修分析

9.3.2　电饭煲的检修方法

　　当电饭煲出现故障时，应根据故障的现象对相关的部件进行检修。如电饭煲不能正常供电时，应对电源线进行检查；若电饭煲通电后不能正常加热时，则需要对限温器、加热盘等进行检修；若电饭煲出现不能保温的故障时，则需要对保温加热器进行检修；若出现控制失常时，则需要对操作按键、控制部分进行检修。

下面对电饭煲出现故障时，需要检修的部件分别进行介绍。

 1. 电源线的检修方法

电饭煲的供电电压主要是通过电源线送入的，若电饭煲出现不能通电工作的故障时，应先对电源线进行检修，主要是通过检测电源线两端的阻值，来判断电源线是否损坏。

电源线的检修方法如图 9-17 所示。

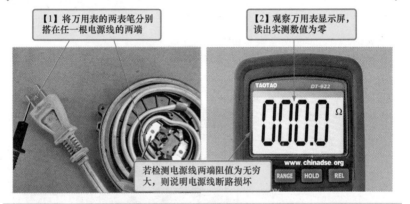

【1】将万用表的两表笔分别搭在任一根电源线的两端

【2】观察万用表显示屏，读出实测数值为零

若检测电源线两端阻值为无穷大，则说明电源线断路损坏

图 9-17　电源线的检修方法

 2. 限温器的检修方法

限温器用于检测电饭煲的锅底温度，若电饭煲出现不炊饭、煮不熟饭、一直炊饭等故障后，在排除供电异常后，则需要对限温器进行检修。

判断限温器是否正常时，可通过检测限温器供电引线端和控制引线间的阻值，来判断限温器是否损坏。限温器的检测方法如图 9-18 所示。

> **提示**
>
> 此外，还需对限温器的机械性能进行检测，方法如图 9-19 所示。

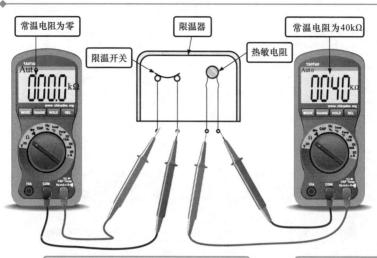

常温电阻为零

限温器

限温开关

热敏电阻

常温电阻为40kΩ

【2】将万用表的两表笔分别搭在限温器的电源供电引线端，对内部限温开关进行检测

【1】将万用表的量程调整至电阻档

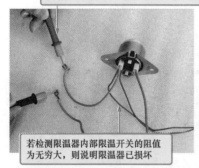

若检测限温器内部限温开关的阻值为无穷大，则说明限温器已损坏

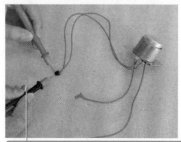

【4】将万用表的两表笔分别搭在限温器的控制引线端，对内部热敏电阻进行检测

【3】观察万用表显示器，读出实测数值为零

【5】将万用表设置为电阻测量状态

图9-18　限温器的检测方法

【6】万用表表笔保持不变，按动限温器，模拟电饭煲在放锅状态

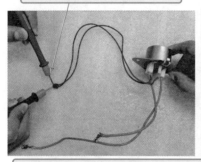

【7】观察万用表显示屏，读出实测数值为41.2kΩ

【8】表笔保持不变，按动限温器，人为模拟放锅状态，并将限温器的感温面接触盛有热水的杯子，使温度上升

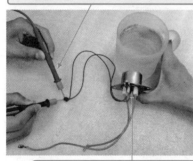

【9】观察万用表显示屏，读出实测数值逐渐减小

正常情况下，限温器内热敏电阻的阻值为零；放锅时阻值为40几千欧姆左右；放锅时感温面接触热源时其阻值会相应减小。若不符合该规律，则说明限温器损坏

图9-18　限温器的检测方法（续）

3. 加热盘的检修方法

加热盘是用来为电饭煲提供热源的部件。若电饭煲出现不炊饭或炊饭不良的故障时，在确保供电、限温器均良好的情况下，则需要对加热盘进行检修。

判断加热盘是否正常时，可通过使用万用表检测加热盘两端的阻值，来判断其是否可以正常工作。

正常情况下，加热盘的两供电端之间的组织约为十几至几十欧姆的阻值，若测得阻值过大或过小，都表示加热盘可能损坏，应以同规格的加热盘进行代换。加热盘的检修方法如图9-20所示。

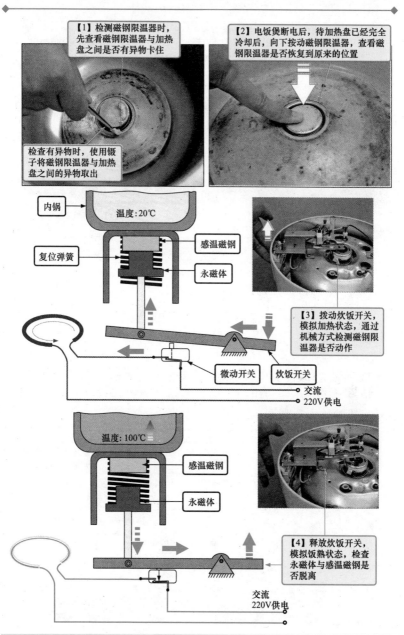

图 9-19　磁钢限温器的机械性能检测方法

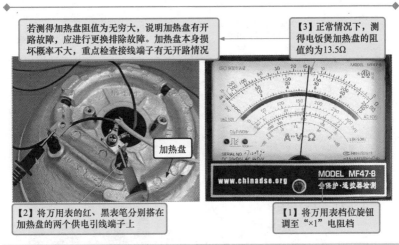

若测得加热盘阻值为无穷大，说明加热盘有开路故障，应进行更换排除故障。加热盘本身损坏概率不大，重点检查接线端子有无开路情况

【3】正常情况下，测得电饭煲加热盘的阻值约为13.5Ω

加热盘

【2】将万用表的红、黑表笔分别搭在加热盘的两个供电引线端子上

【1】将万用表档位旋钮调至"×1"电阻档

图9-20　加热盘的检修方法

4. 保温加热器的检修方法

保温加热器是电饭煲中的保温装置，若电饭煲出现保温效果差、不保温的故障时，则应重点对保温加热器进行检修。

判断保温加热器是否正常时，可对保温加热器两引脚间的阻值进行检测。正常情况下，检测保温加热器的阻值应在 37.5Ω 左右，若阻值远大于或小于该阻值，则表明保温加热器有可能损坏。保温加热器的检修方法如图9-21所示。

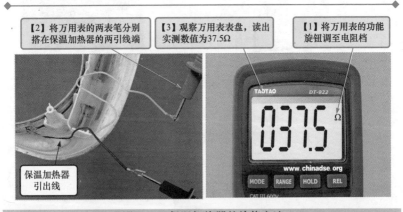

【2】将万用表的两表笔分别搭在保温加热器的两引线端

【3】观察万用表表盘，读出实测数值为37.5Ω

【1】将万用表的功能旋钮调至电阻档

保温加热器引出线

图9-21　保温加热器的检修方法

提示

　　机械式电饭煲中的保温设备为双金属片恒温器，若该类电饭煲失去保温功能，还需要对双金属片恒温器进行检修，如图9-22所示。

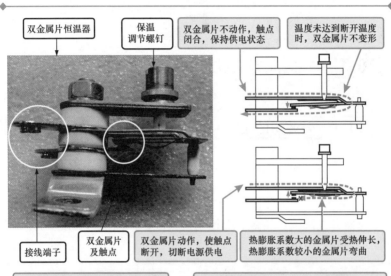

双金属片恒温器

保温调节螺钉

双金属片不动作，触点闭合，保持供电状态

温度未达到断开温度时，双金属片不变形

接线端子

双金属片及触点

双金属片动作，使触点断开，切断电源供电

热膨胀系数大的金属片受热伸长，热膨胀系数较小的金属片弯曲

若检测双金属恒温器两触点间阻值为无穷大，说明其内部有开路情况

【3】正常情况下，测得双金属恒温器常态下触点间阻值为0Ω，表明其处于接通状态

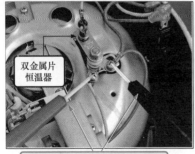

双金属片恒温器

【2】将万用表红、黑表笔分别搭在双金属片恒温器引出线端

MODEL MF47-8
全保护·遥控器检测
www.chinadse.org

【1】将万用表档位旋钮调至"×1"电阻档

图9-22　双金属片恒温器的检修方法

第 10 章
微波炉的拆装与检修技能

10.1　微波炉的结构原理

10.1.1　微波炉的结构特点

微波炉是一种靠微波加热食物的厨房电器，其微波频率一般为 2.4GHz 的电磁波，微波的频率很高，可以被金属反射，并且可以穿过玻璃、陶瓷、塑料等绝缘材料。微波炉根据控制方式不同，可分为定时器方式微波炉和微电脑控制式微波炉，图 10-1 为这两种典型微波炉的外形结构图。

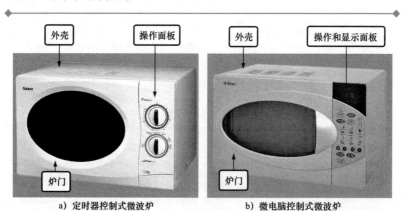

a）定时器控制式微波炉　　　　　b）微电脑控制式微波炉

图 10-1　典型微波炉的外形结构图

由图可以看到，微波炉通常采用箱体式设计，整个微波炉被外壳罩住，通过微波炉的正面，我们首先可以看到炉门，炉门上通常安装有门罩，方便用户观看加热情况；在炉门旁边常设计有操作面板（旋钮、按键、显示屏等），方便用户对微波炉进行操作，并同步显示当前微波炉的工作状态。

微波炉的外形、控制方式虽有不同，但其内部的结构却大同小异，都是由保护装置、微波发射装置、转盘装置、烧烤装置、控制装置等几部分构成的。只是定时器控制式微波炉和微电脑控制式微波炉在控制方式上所采用的电路略有不同罢了。图 10-2 是微波炉的内部结构图。

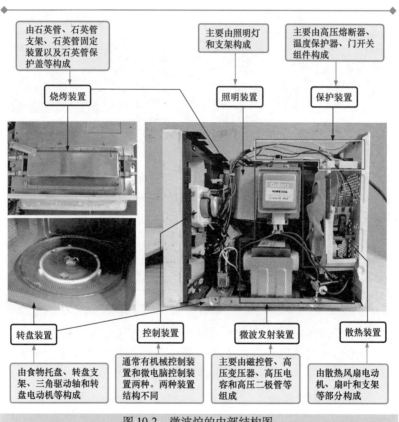

由石英管、石英管支架、石英管固定装置以及石英管保护盖等构成

主要由照明灯和支架构成

主要由高压熔断器、温度保护器、门开关组件构成

烧烤装置

照明装置

保护装置

转盘装置

控制装置

微波发射装置

散热装置

由食物托盘、转盘支架、三角驱动轴和转盘电动机等构成

通常有机械控制装置和微电脑控制装置两种。两种装置结构不同

主要由磁控管、高压变压器、高压电容和高压二极管等组成

由散热风扇电动机、扇叶和支架等部分构成

图 10-2　微波炉的内部结构图

 1. 微波发射装置

微波炉的微波发射装置是整机的核心部件，通常安装在微波炉的中心位置，用以实现向微波炉内发射微波，对食物进行加热。

　　微波发射装置主要由磁控管、高压变压器、高压电容器和高压二极管组成，如图 10-3 所示。交流 220V 电压经高压变压器、高压电容器和高压二极管后，变为 4000V 左右的高压送入到磁控管中，使磁控管产生微波信号对食物进行加热。

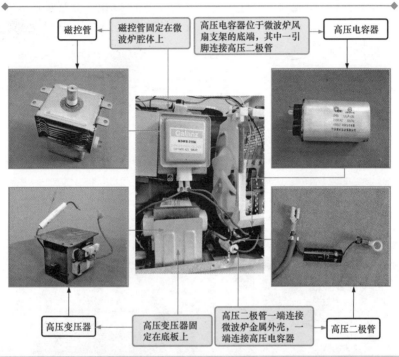

图 10-3　典型微波炉中的微波发射装置

　　由于微波发射装置中磁控管的外形特征明显，在检修时，首先根据外形特征找到磁控管的安装位置，再由磁控管的供电线路找出磁控管的供电器件，即高压变压器。

2. 烧烤装置

　　微波炉的烧烤装置是指通过发射热辐射光线，对食物进行烧烤加热的部件，通常位于微波炉顶部，检修时可重点对微波炉顶部进行拆解和检查。

　　烧烤装置主要是由石英管、石英管支架、石英管固定装置以及石英管保护盖等部分构成的，如图 10-4 所示。

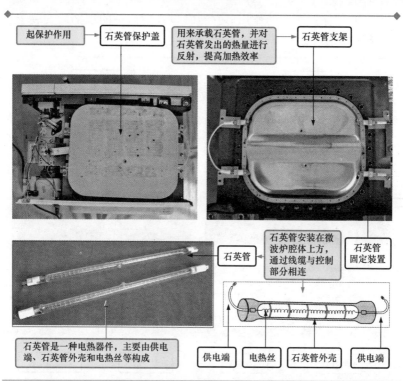

起保护作用 → 石英管保护盖

用来承载石英管，并对石英管发出的热量进行反射，提高加热效率 → 石英管支架

石英管

石英管安装在微波炉腔体上方，通过线缆与控制部分相连

石英管固定装置

石英管是一种电热器件，主要由供电端、石英管外壳和电热丝等构成

供电端　电热丝　石英管外壳　供电端

图 10-4　典型微波炉的烧烤装置

 3. 转盘装置

微波炉中的转盘装置用于在加热食物过程中不断地旋转，从而使食物受热均匀。该装置通常安装在微波炉的底部。

转盘装置主要由食物托盘、转盘支架、三角驱动轴和转盘电动机等构成，如图 10-5 所示，其中食物托盘、转盘支架、三角驱动轴安装于微波炉的炉腔内，而转盘电动机安装于微波炉的底部。

 4. 保护装置

微波炉中设有多个保护装置，主要包括对电路进行保护的熔断器，过热保护的温度保护器、防止微波泄漏的门开关组件以及实现高压保护的高压熔断器等，如图 10-6 所示。

其中，熔断器接在微波炉的供电电路中，当电路中出现电流过大时，起到保护电路的作用。它通常位于微波炉的顶部，安装于风扇电机的支架上。

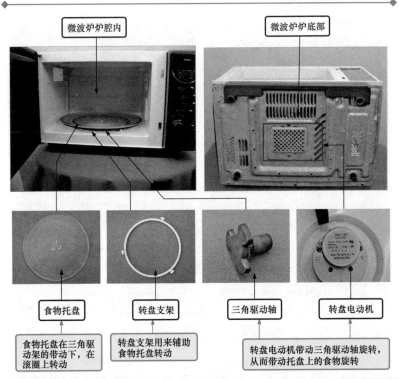

图10-5　典型微波炉中的转盘装置

温度保护器用于监测微波炉炉腔内的温度。当微波炉炉腔内的温度过高，达到温度保护器的感应温度时，温度保护器就会自动断开，起到保护电路的作用，从而实现对整个微波炉进行过热保护的作用。它通常安装在微波炉的顶部。

门开关组件主要由三个微动开关构成。它是为了安全起见而设置的微波炉保护装置，安装于微波炉门框边，受门开关的控制。

高压熔断器是微波炉中高压电路中的保护装置，常安装在微波炉底部与高压电容器和高压变压器连接。当微波炉高压电路中的电流或电压高于高压熔断器的额定范围时，高压熔断器会熔断，从而实现对高压电路的保护。

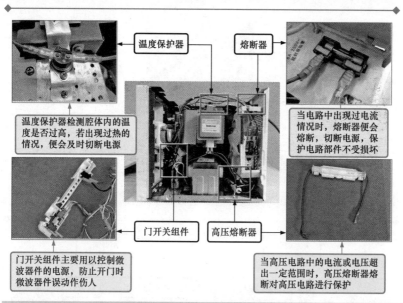

温度保护器

熔断器

温度保护器检测腔体内的温度是否过高，若出现过热的情况，便会及时切断电源

当电路中出现过电流情况时，熔断器便会熔断，切断电源，保护电路部件不受损坏

门开关组件

高压熔断器

门开关组件主要用以控制微波器件的电源，防止开门时微波器件误动作伤人

当高压电路中的电流或电压超出一定范围时，高压熔断器熔断对高压电路进行保护

图 10-6　典型微波炉中的保护装置

 5. 照明和散热装置

微波炉中通常都设有照明和散热装置，如图 10-7 所示。照明装置主要由照明灯构成，安装于微波炉的顶部，用于对炉腔内进行照射，方便拿取和观察食物。而散热装置主要由散热风扇电动机、扇叶和支架构成，常安装在靠近热源的支架上，主要用于加速微波炉内部与外部的空气流通，确保微波炉良好的散热。

 6. 控制装置

控制装置是微波炉整机工作的控制核心，其根据设定好的程序，对微波炉内各部件进行控制，协调各部分的工作。根据微波炉控制方式不同，控制装置可分为机械控制装置和电脑控制装置两种。

（1）机械控制装置

机械控制装置是指通过机械功能部件实现整机控制的装置，主要由定时器组件和火力调节组件等构成，如图 10-8 所示。

用户通过旋钮对火力和时间进行设置，机械控制装置便会根据设定内容控制微波炉的工作状态。

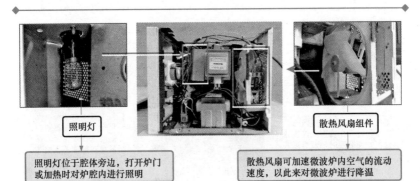

照明灯

照明灯位于腔体旁边，打开炉门或加热时对炉腔内进行照明

散热风扇组件

散热风扇可加速微波炉内空气的流动速度，以此来对微波炉进行降温

图 10-7　典型微波炉中的照明和散热装置

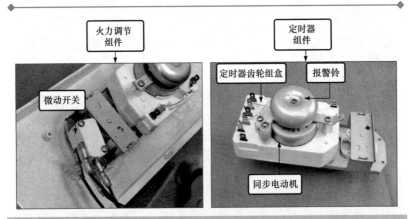

火力调节组件

定时器组件

定时器齿轮组盒　报警铃

微动开关

同步电动机

图 10-8　典型微波炉中的机械控制装置

（2）电脑控制装置

电脑控制装置与机械控制装置不同，它是指微波炉采用以微电脑芯片（微处理器）为核心的自动控制、自动检测和自动保护控制电路进行整机控制的装置。主要由操作电路和显示控制电路构成。

操作电路板用于对微波炉的起动、微波、定时和火力等的控制，其结构较简单，主要由微动开关和编码器等组成，如图 10-9 所示。

微动开关也就是按键开关，用于控制微波炉各功能的开启，编码器也就是时间调节旋钮，用于对微波炉时间的调整，用户通过旋转编码器的转柄，将预定时间转换成控制编码信号，送入微处理器中进行识别、记忆和控制。

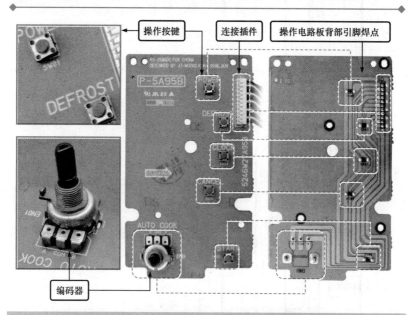

操作按键　　连接插件　　操作电路板背部引脚焊点

编码器

图 10-9　典型微波炉电脑控制装置中的操作电路板

　　显示控制电路板与操作电路板的结构相比较复杂，主要由微处理器、降压变压器、电源继电器、主继电器、蜂鸣器和多功能显示器等构成，如图 10-10 所示。

10.1.2　微波炉的工作原理

1. 微波炉整机电路的工作过程

（1）定时器控制式微波炉的工作过程

　　图 10-11 为定时器控制方式微波炉的工作原理图。高压变压器、高压二极管、高压电容器和磁控管是微波炉的主要部件。

　　由图 10-11 可见，这种电路的主要特点是由定时器控制高压变压器的供电。定时器定时旋钮旋到一定时间后，交流 220V 电压便通过定时器为高压变压器供电。当到达预定时间后，定时器回零，便切断交流 220V 供电，微波炉停机。

　　微波炉的磁控管是微波炉中的核心部件。它是产生大功率微波信号的器件，在高电压的驱动下能产生 2450 MHz 的超高频信号，由于它的波长比较短，因此被称为微波信号。利用微波信号可以对食物进行加热。

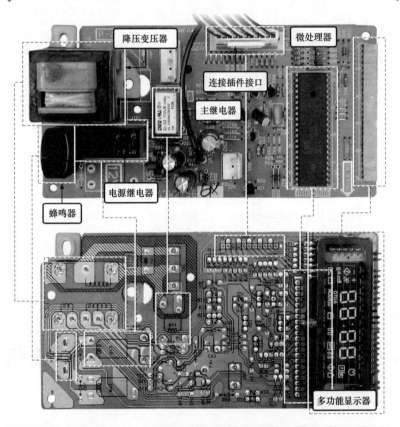

图 10-10　典型微波炉中的显示控制电路板

　　给磁控管供电的重要器件是高压变压器。高压变压器的一次侧接 220V 交流电，高压变压器的二次侧有两个绕组，一个是低压绕组，一个是高压绕组。低压绕组给磁控管的阴极供电，磁控管的阴极相当于电视机显像管的阴极，给磁控管的阴极供电就能使磁控管有一个基本的工作条件。高压绕组线圈的匝数约为一次线圈的 10 倍，所以高压绕组的输出电压也大约是输入电压的 10 倍。

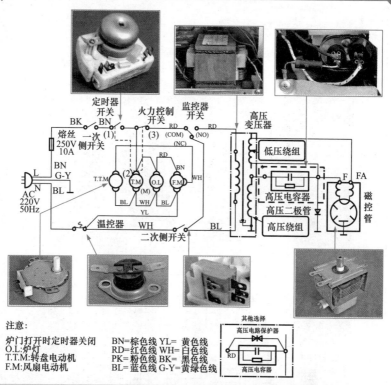

图 10-11　定时器控制方式微波炉的工作原理图

　　如果输入电压为 220V，高压绕组输出的电压约为 2000V，这个高压是 50Hz 的，经过高压二极管的整流，将 2000V 的电压变成 4000V 的高压。当 220V 是正半周时，高压二极管导通接地，高压绕组产生的电压对高压电容器充电，使其达到 2000V 左右的电压。当 220V 是负半周时，高压二极管是反向截止的，此时高压电容器上面已经有 2000V 的电压，高压线圈上又产生了 2000V 左右的电压，加上电容器上的 2000V 电压大约是 4000V 的电压加到磁控管上。磁控管在高压下产生了强功率的电磁波，这种强功率的电磁波就是微波信号。微波信号通过磁控管的发射端发射到微波炉的炉腔里，在炉腔里面的食物由于受到微波信号的作用就可以实现加热。

　　（2）微电脑控制式微波炉的工作过程

　　图 10-12 所示为微电脑控制式微波炉的工作原理图。微电脑控制

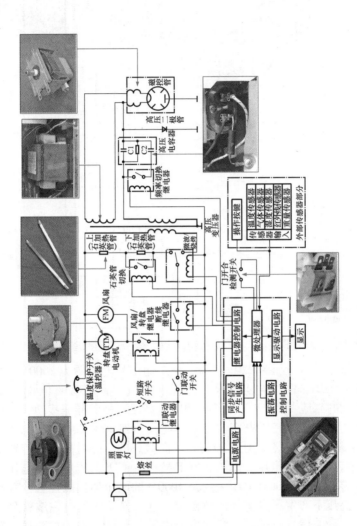

图10-12 微电脑控制式微波炉的工作原理图

式微波炉的高压线圈部分和定时器控制式微波炉的基本相同，所不同的是控制电路部分。

　　微电脑控制式微波炉的主要器件和定时器控制式微波炉是一样的，即产生微波信号的都是磁控管。其供电电路由高压变压器、高压电容器和高压二极管构成。高压电容器和高压变压器的线圈产生2450MHz的谐振。

　　从图10-12中可以看出，该微波炉的频率可以调整。即微波炉上有两个档，当微波炉拨至高频率档时，继电器的开关会断开，电容器C2不起作用。当微波炉拨至低频率档时，继电器的开关接通，相当于给高压电容器又增加了一个并联电容器C2，谐振电容量增加，频率便有所降低。

　　该微波炉不仅具有微波功能，而且还具有烧烤功能。微波炉的烧烤功能主要是通过石英管实现的。在烧烤状态时，石英管产生的热辐射可以对食物进行烧烤加热，这种加热方式与微波不同。它完全是依靠石英管的热辐射效应对食物进行加热。在使用烧烤功能时，微波/烧烤切换开关切换至烧烤状态，将微波功能断开，微波炉即可通过石英管对食物进行烧烤。为了控制烧烤的程度。微波炉中安装有两根石英管。当采用小火力烧烤加热时，石英管切换开关闭合，将下加热管（石英管）短路，即只有上加热管（石英管）工作。当选择大火力烧烤时，石英管切换开关断开，上加热管（石英管）和下加热管（石英管）一起工作对食物加热。

　　在微电脑控制式微波炉中，微波炉的控制都是通过微处理器控制的。微处理器具有自动控制功能。它可以接收人工指令，也可以接收遥控信号。微波炉里的开关、电动机等都是由微处理器发出控制指令进行控制的。

　　在工作时，微处理器向继电器发送控制指令即可控制继电器的工作。继电器的控制电路有五根线：

　　第一条线控制断续继电器，它是用来控制微波火力的。即如果使用强火力，继电器一直接通，磁控管便一直发射微波对食物进行加热。如果使用弱火力，继电器便会在微处理器的控制下间断工作，例如可以使磁控管发射30s微波后停止20s，然后再发射30s，这样往复间歇工作，就可以达到火力控制的效果。

　　第二条线控制微波/烧烤切换开关，当微波炉使用微波功能时，微处理器发送控制指令将微波/烧烤切换开关接至微波状态，磁控管工作对食物进行微波加热。当微波炉使用烧烤功能时，微处理器便控制切换开关将石英管加热电路接通，从而使微波电路断开，即可实现对食物的烧烤加热。

第三条线控制频率切换继电器，从而实现对磁控管功率的调整控制。

第四根和第五根线分别控制风扇/转盘继电器和门联动继电器。通过继电器对开关进行控制可以实现小功率、小电流、小信号对大功率、大电流、大信号的控制。同时，便于将工作电压高的器件与工作电压低的器件分开放置，对电路的安全也是一个保证。

在微波炉中，微处理器专门制作在控制电路板上，除微处理器外，相关的外围电路或辅助电路也都安装在控制电路板上。其中，时钟振荡电路是给微处理器提供时钟振荡的部分。微处理器必须由一个同步时钟，微处理器内部的数字电路才能够正常工作。同步信号产生器为微处理器提供同步信号。微处理器的工作一般都是在集成电路内部进行，用户是看不见摸不着的，所以微处理器为了和用户实现人工对话，通常会设置有显示驱动电路。显示驱动电路将微波炉各部分的工作状态通过显示面板上的数码管、发光二极管、液晶显示屏等器件显示出来。这些电路在一起构成微波炉的控制电路部分。它们的工作一般都需要低压信号，因此需要设置一个低压供电电路，将交流220V电压变成5V、12V直流低压，为微处理器和相关电路供电。

 2. 微波炉各电路之间的信号关系及整机工作过程

如图10-13为典型微波炉的连接电路图。微波炉主要由保护装置、微波发射装置、转盘装置、烧烤装置、机械控制装置或电脑控制装置等部分构成，微波炉的规格型号虽有不同，但其微波炉内的各部件的连接方式基本相同。

当关好微波炉门，将微波炉通电后，220V的电压通过微波炉保护装置后，由降压变压器经整流滤波电路为控制电路（微电脑）提供低压直流电压，当按动电脑控制装置的起动按钮后，继电器RY-1、RY-2动作为其风扇电动机提供所需工作电压，使其风扇电动机开始转动，微波炉转盘装置及微波发射装置也均开始工作，当按动烧烤按钮后，微波炉的烧烤装置开始工作。

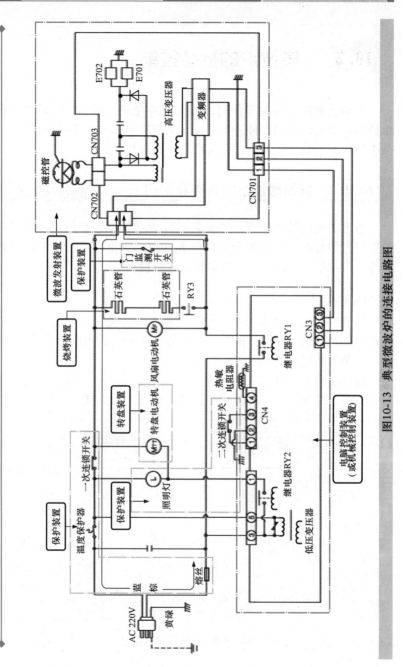

图10-13　典型微波炉的连接电路图

10.2　微波炉的拆装技能

对微波炉进行拆装操作时，可先对外壳进行拆卸，然后再根据维修的需要对内部的器件进行拆卸，下面以 GoldStar MS-2586DTG 型微电脑控制式微波炉为例，介绍微波炉的拆装方法。

10.2.1　拆卸微波炉的外壳和炉门

微波炉的内部功能部件被安装或保护在外壳和炉门内。在对微波炉进行检修时，往往需要先将外壳和炉门拆下，以便对内部线路的连接或功能部件的性能和安装情况进行检查。

1. 外壳的拆卸

外壳用于封闭和固定微波炉内部的各种功能部件，防止异物进入微波炉内部引发故障，同时避免人体接触微波炉内电路造成触电，还可使微波炉更加坚固、美观。

对外壳进行拆卸时，可首先明确外壳的方式，找到固定螺钉或卡扣，将其分离即可。微波炉外壳的拆卸方法如图 10-14 所示。

【1】用螺钉旋具拧下外壳背面的固定螺钉后，再将其背面的4个固定螺钉分别拧下

外壳固定螺钉

【2】固定螺钉全部拧下后，将外壳向后拉出，即可将外壳从微波炉上取下

外壳

图 10-14　微波炉外壳的拆卸方法

2. 炉门的拆卸

微波炉的炉门与内部功能部件直观上看关联不大，但其门轴的固定件多与机身固定部件有一定关联性，大多情况下，需要将炉门拆卸后，才能进一步拆卸内部功能部件。

炉门的拆卸方法比较简单，找到其固定件的位置和固定方式，进行分离即可。

微波炉炉门的拆卸方法如图 10-15 所示。

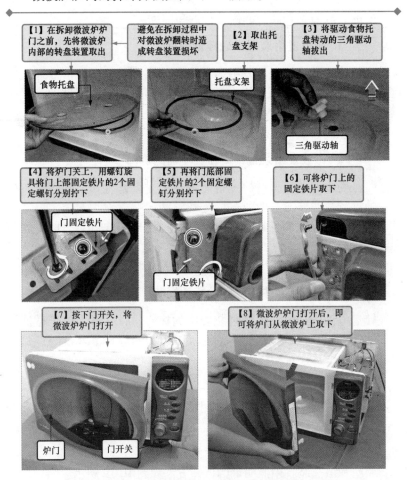

图 10-15　微波炉炉门的拆卸方法

至此，典型微波炉的外壳及炉门部分的拆卸操作已基本完成。

10.2.2　根据维修需要拆卸相关功能部件

在维修微波炉时，由于各装置功能部件特征明显，出现故障后可进行有效的针对性检修，此时可对怀疑损坏的功能部件进行拆装，即修哪拆哪，对提高维修效率很有帮助。

下面按照微波炉的结构特点，从其六个基本组成装置中挑选几个主要的、故障率较高的部件进行拆卸训练。

1. 微波发射装置中磁控管的拆卸

磁控管是微波炉微波发射装置中的主要部件之一，一般通过固定螺钉固定在微波炉箱体上，拆卸时，分离其与其他部件的连接引线，拧下固定螺钉即可。

微波发射装置中磁控管的拆卸方法如图 10-16 所示。

2. 微波发射装置中高压变压器的拆卸

高压变压器也是微波炉发射装置中的主要部件，该部件体积较大，外形特征明显，一般通过固定螺钉固定在微波炉箱体上，并通过连接引线与其他部件连接。拆卸时，将连接引线分离，取下固定螺钉即可取下。

微波发射装置中高压变压器的拆卸方法如图 10-17 所示。

3. 转盘装置中转盘电动机的拆卸

转盘电动机是微波炉转盘装置中的核心部件，通常位于微波炉底部，拆卸时，需要先将微波炉底板拆下，然后拧下转盘电动机的固定螺钉，分离连接引线即可。

转盘装置中转盘电动机的拆卸方法如图 10-18 所示。

4. 照明和散热装置中照明灯的拆卸

照明灯是微波炉中的一种辅助功能部件，通常安装在微波炉顶部。拆卸时，将其连接端的供电引线和固定卡口分离即可取下。

照明和散热装置中照明灯的拆卸方法如图 10-19 所示。

【1】先将磁控管的连接线拔下

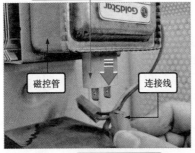

磁控管　连接线

【2】用合适的螺钉旋具拧下磁控管两端的固定螺钉

固定螺钉

【3】将磁控管从微波炉中取出

磁控管

取下的磁控管实物外形

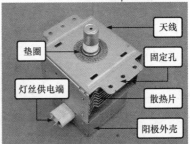

天线

垫圈

固定孔

灯丝供电端

散热片

阳极外壳

图 10-16　微波发射装置中磁控管的拆卸方法

【1】先将高压变压器的连接线拔下

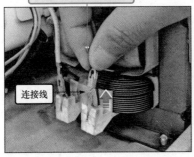

连接线

【2】拔下高压变压器各引脚的连接线

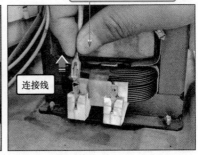

连接线

图 10-17　微波发射装置中高压变压器的拆卸方法

【3】将微波炉翻转，找到高压变压器的4个固定螺钉，使用合适的螺钉旋具将其拧下

【4】将高压变压器从微波炉上取下

固定螺钉

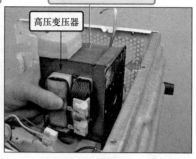

高压变压器

图 10-17　微波发射装置中高压变压器的拆卸方法（续）

【1】拧下底板的固定螺钉，向一端拉动底板，错开卡扣，将底板从微波炉上取下

【2】取下底板后即可看到转盘电动机，先将其连接线分离

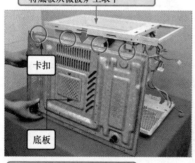

卡扣

底板

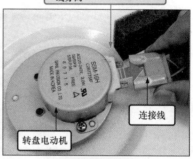

转盘电动机

连接线

【3】使用适合的螺钉旋具拧下转盘电动机固定螺钉

【4】将转盘电动机取下

固定螺钉

转盘电动机

图 10-18　转盘装置中转盘电动机的拆卸方法

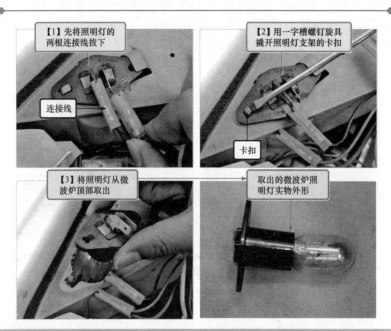

图 10-19　照明和散热装置中照明灯的拆卸方法

5. 控制装置中操作显示面板的拆卸

在微波炉控制装置中，控制电路板安装在操作显示面板后部，若需要对控制部分进行检修时，需要将操作显示面板拆下，并将电路板分离出来。

控制装置中操作显示面板的拆卸方法如图 10-20 所示。

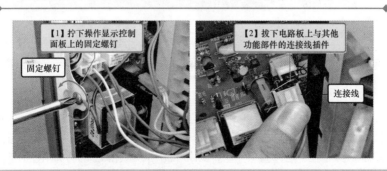

图 10-20　控制装置中操作显示面板的拆卸方法

【3】向上提取操作显示面板，即可将其从微波炉上取下

注意与操作电路板之间的连接数据线，不要由于拉动而造成损坏

【4】将操作显示面板与电路板分离

操作显示面板

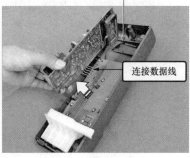
连接数据线

【5】松动操作电路板的固定卡扣后，将电路板与操作显示面板完全分离

【6】将插接在编码器上的旋钮拔下，拆卸完成

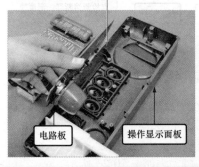
电路板　　操作显示面板

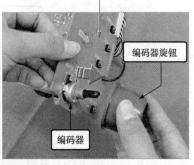
编码器旋钮
编码器

图 10-20　控制装置中操作显示面板的拆卸方法（续）

10.3　微波炉的检修技能

　　微波炉在使用过程中，经常会出现各种各样的故障，如：不开机、不加热、加热异常等。在检修时，应首先进行基本的检修分析，理清检修顺序或检修重点，然后对可能出现故障的部件或电路进行检修，从而排除微波炉的故障。

10.3.1　微波炉的检修分析

　　在检修微波炉之前，应对故障现象有一定的了解。由于微波炉在工作时，内部的一些关键元器件承受着高电压、大电流的不断冲击，以及外部自然因素的干扰，这些元器件往往比较容易损坏从而导致微波炉出现故障。

　　无论微波炉出现任何问题，都应先检查"高压"回路再检查"低压"部分，因为在微波炉故障中高压部分的故障率是最高的。微波炉的基本元器件都是体积比较大且十分明显的，在检修过程中先对这些体积比较大的元器件进行检测排除，然后再对相关的元器件进行检测。

　　图 10-21 所示为微波炉检修中的主要检测部位。

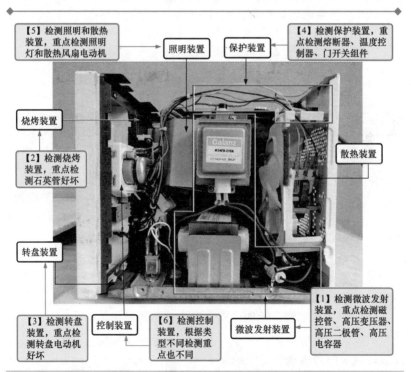

图 10-21　微波炉检修中的主要检测部位

提示

　　微波炉的元器件有损坏，不要马上进行更换，必须先确认其他零件都是在正常状态时才能进行更换，否则通电后其他元器件也会被烧坏。快速检测流程如下：

　　（1）目视电流熔丝是否被烧断；

　　（2）检测温度检测开关是否损坏；

　　（3）检测电源变压器是否损坏；

　　（4）检测高压二极管是否被击穿损坏；

　　（5）检测高压电容器是否受热损坏；

　　（6）检测磁控管是否损坏；

　　（7）检测风扇电动机是否损坏；

　　（8）检测转盘电动机是否损坏；

　　（9）带烧烤功能的微波炉检测石英管是否损坏；

　　（10）定时器控制式微波炉检测定时器是否损坏；

　　（11）微电脑控制式微波炉检测操作面板是否损坏；

　　（12）检测各连接线是否松动，是否齐全。

10.3.2　微波炉的检修方法

1. 微波发射装置的检修方法

　　微波发射装置是微波炉故障率最高的部位，其内部的磁控管、高压变压器、高压电容器和高压二极管由于长期受到高电压、大电流的冲击，较容易出现异常情况。下面，分别介绍其检查方法：

　　（1）磁控管的检测方法

　　磁控管是微波发射装置的主要器件，它通过微波天线将电能转换成微波能，辐射到炉腔中，对食物进行加热。当磁控管出现故障时，微波炉会出现转盘转动正常，但食物不能被加热的故障。

　　对磁控管进行检测，一般可在断电状态下，借助万用表检测磁控管灯丝端的阻值来判断磁控管是否损坏。

　　典型微波炉中磁控管的检测方法如图10-22所示。

磁控管

【3】正常情况下，磁控管内
灯丝的阻值在1Ω左右

【2】将万用表的红、黑表笔搭在磁控
管灯丝引脚上，检测灯丝的阻值

【1】将万用表档位旋钮
调至"×1"电阻档

图 10-22　典型微波炉中磁控管的检测方法

扩展

　　对磁控管进行检测时，也可在通电状态下检测磁控管输出波形的方法判断是否正常。首先将微波炉通电，使用示波器探头靠近磁控管的灯丝端，感应磁控管的振荡信号，如图 10-23 所示。

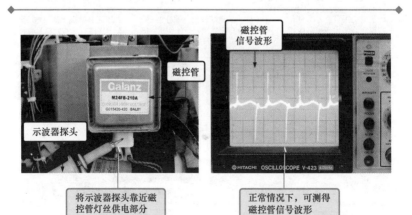

磁控管

磁控管
信号波形

示波器探头

将示波器探头靠近磁
控管灯丝供电部分

正常情况下，可测得
磁控管信号波形

图 10-23　检测磁控管的输出波形

（2）高压变压器的检测方法

高压变压器是微波发射装置的辅助器件，也称作高压稳定变压器。在微波炉中主要用来为磁控管提供高压电压和灯丝电压。当高压变压器损坏，将引起微波炉出现不发射微波的故障。

在对高压变压器进行检测时，可在断电状态下，通过检测高压变压器各绕组之间的阻值，来判断高压变压器是否损坏。

典型微波炉中高压变压器的检测方法如图 10-24 所示。

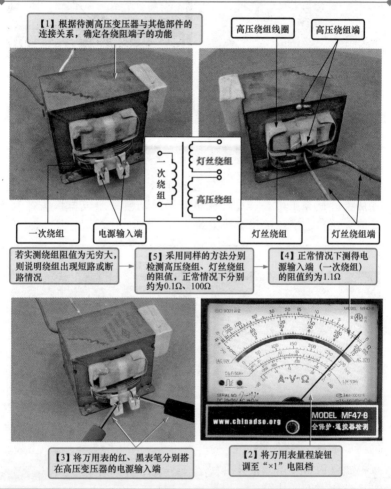

图 10-24　典型微波炉中高压变压器的方法

（3）高压电容器的检测方法

高压电容器是微波炉中微波发射装置的辅助器件，主要起滤波的作用。若高压电容器变质或损坏，常会引起微波炉出现不开机、不发射微波的故障。

对高压电容器进行检测时，一般可用数字万用表检测其电容量的方法判断好坏。

典型微波炉中高压电容器的检测方法如图 10-25 所示。

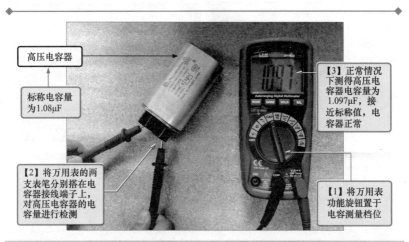

高压电容器

标称电容量为1.08μF

【2】将万用表的两支表笔分别搭在电容器接线端子上，对高压电容器的电容量进行检测

【3】正常情况下测得高压电容器电容量为1.097μF，接近标称值，电容器正常

【1】将万用表功能旋钮置于电容测量档位

图 10-25　典型微波炉中高压电容器的检测方法

扩展

除了通过检测高压电容器电容量的方法判断高压电容器是否正常外，还可使用指针式万用表检测高压电容器的充、放电过程是否正常。

正常情况下，将万用表的量程调整至"×10kΩ"电阻档，两表笔分别搭在高压电容器的两个引脚端，万用表的指针应有一个摆动，然后回到无穷大的位置，如果没有该充、放电的过程，说明高压电容器本身可能损坏，应对其进行更换。

（4）高压二极管的检测方法

高压二极管是微波炉中微波发射装置的整流器件。该二极管接在高压变压器的高压绕组输出端，对交流输出进行整流。

检测高压二极管时，一般可用万用表检测其正、反向阻值的方法判断好坏。

典型微波炉中高压二极管的检测方法如图 10-26 所示。

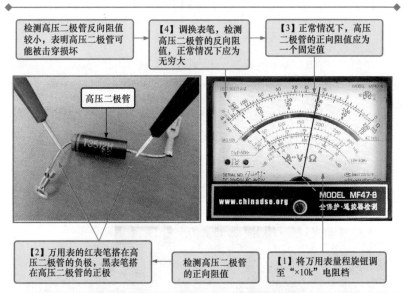

图 10-26 典型微波炉中高压二极管的检测方法

 2. 烧烤装置的检修方法

微波炉的烧烤装置中，石英管是该装置核心部件。若石英管损坏将引起微波炉烧烤功能失常的故障。

对石英管进行检测时，应先检查石英管连接线是否出现松动、断裂、烧焦或接触不良等现象，然后借助万用表再对石英管阻值进行检测来判断好坏。

典型微波炉烧烤装置中石英管的检测方法如图 10-27 所示。

 3. 转盘装置的检修方法

微波炉的转盘装置中，转盘电动机是该装置的核心部件。当转盘电动机损坏，经常会出现微波炉加热不均匀的故障。

对转盘电动机检测时，可在断电情况下，通过万用表检测转盘电动机的绕组阻值的方法，来判断转盘电动机好坏。

【1】检查石英管连接线是否有松动现象，若有松动，重新将其插接好

【2】检查石英管连接线有无断线情况，即将万用表搭在连接线的两端

【3】正常情况下，连接线为导通状态。万用表检测其阻值应为0Ω

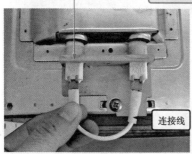

连接线

连接线

石英管引出端

【5】正常情况下可检测到47.5Ω左右的阻值

若检测到无穷大，说明石英管损坏

【4】微波炉石英管串联连接，使用万用表检测两个石英管串联后的阻值

【7】正常情况下可检测到24.2Ω左右的阻值

若检测到的石英管的阻值为无穷大，说明该石英管内部已断路损坏

【6】对单个石英管进行检测将一个石英管两端的连接线均拔下。用万用表检测一根石英管两端的阻值

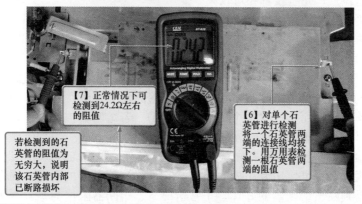

图 10-27　典型微波炉烧烤装置中石英管的检测方法

典型微波炉转盘装置中转盘电动机的检测方法如图 10-28 所示。

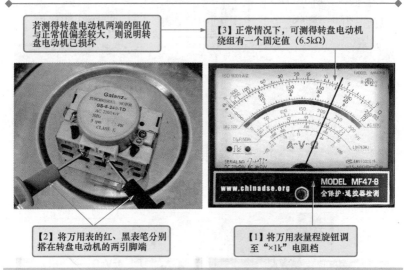

若测得转盘电动机两端的阻值
与正常值偏差较大，则说明转
盘电动机已损坏

【3】正常情况下，可测得转盘电动机
绕组有一个固定值（6.5kΩ）

【2】将万用表的红、黑表笔分别
搭在转盘电动机的两引脚端

【1】将万用表量程旋钮调
至"×1k"电阻档

图 10-28　典型微波炉转盘装置中转盘电动机的检测方法

 4. 保护装置的检修方法

保护装置是微波炉中的重要组成部分，其内部的熔断器、温度保护器及门开关组件都在整机中起到重要的保护作用。若这些保护器件出现异常，将造成微波炉自动保护功能失常，一旦出现故障，故障范围或严重程度都相对较大。

因此，当微波炉出现"破坏性"故障时，除了对损坏的部件进行检查外，还要查找无法自动保护的原因，对保护装置进行检测。

（1）熔断器的检测方法

熔断器是对微波炉进行过电流、过载保护的重要器件，当微波炉中的电流有过电流、过载的情况时，熔断器会烧断，起到保护电路的作用，从而实现对整个微波炉的保护。若熔断器损坏时，常会引起微波炉出现不开机的故障。

检测熔断器时，可首先观察熔断器外观有无明显烧焦损坏情况，若外观正常，可使用万用表在断电状态下检测熔断器的阻值，便可很容易判断出熔断器的好坏。正常情况下，熔断器阻值为零，否则说明熔断器已损坏应更换。

（2）温度保护器的检测方法

温度保护器可对磁控管的温度进行检测，当磁控管的温度过高时，便断开电路，使微波炉停机保护。若过热保护开关损坏时，常会引起微波炉出现不开机的故障。

对温度保护器进行检测时，可在断电状态下，借助万用表检测温度保护器的阻值，来判断好坏。

温度保护器的检测方法如图 10-29 所示。

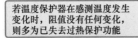

【若温度保护器在感测温度发生变化时，阻值没有任何变化，则多为已失去过热保护功能】

【4】通过电烙铁高温头靠近温度保护器感温面时，其内部金属片断开，阻值应为无穷大

【3】正常情况下，在常温状态测得温度保护器的阻值为0Ω

【2】将万用表的红、黑表笔分别搭在温度保护器的两引脚端

【1】将万用表量程旋钮调至"×1"电阻档

图 10-29　温度保护器的检测方法

（3）门开关组件的检测方法

门开关组件是微波炉保护装置中非常重要的器件之一。若门开关损坏时，常会引起微波炉不发射微波的故障。

检测门开关组件时，可在关门和开门两种状态下，借助万用表检测门开关组件的通、断状态，来判断门开关组件好坏。

门开关组件的检测方法如图 10-30 所示。

 5. 照明和散热装置的检修方法

微波炉的照明装置中，照明灯和散热风扇电动机是主要的检测部件。若这些部件不良多会引起微波炉照明灯不亮、散热不良故障，一般可用万用表对这两个主要部件进行检测。

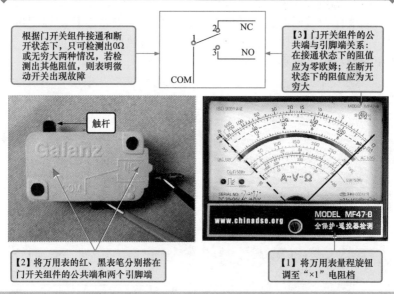

根据门开关组件接通和断开状态下，只可检测出0Ω或无穷大两种情况，若检测出其他阻值，则表明微动开关出现故障

【3】门开关组件的公共端与引脚端关系：在接通状态下的阻值应为零欧姆；在断开状态下的阻值应为无穷大

【2】将万用表的红、黑表笔分别搭在门开关组件的公共端和两个引脚端

【1】将万用表量程旋钮调至"×1"电阻档

图 10-30　门开关组件的检测方法

典型微波炉照明和散热装置中照明灯和散热风扇电动机的检测方法如图10-31所示。

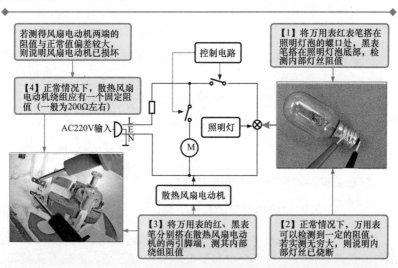

若测得风扇电动机两端的阻值与正常值偏差较大，则说明风扇电动机已损坏

【4】正常情况下，散热风扇电动机绕组应有一个固定阻值（一般为200Ω左右）

【1】将万用表红表笔搭在照明灯泡的螺口处，黑表笔搭在照明灯泡底部，检测内部灯丝阻值

【3】将万用表的红、黑表笔分别搭在散热风扇电动机的两引脚端，测其内部绕组阻值

【2】正常情况下，万用表可以检测到一定的阻值。若实测无穷大，则说明内部灯丝已烧断

控制电路

AC220V输入　L　E　N

照明灯

M

散热风扇电动机

图 10-31　典型微波炉照明和散热装置中照明灯和散热风扇电动机的检测方法

6. 控制装置的检修方法

根据前述结构内容介绍可知，目前微波炉中的控制装置具有机械控制装置和微电脑控制装置两种，这两种控制装置的结构不同，控制原理也不同。下面分别介绍检修方法：

（1）机械控制装置的检测方法

机械控制装置是机械控制式微波炉中的控制部分，当出现控制功能失常时，可重点对其内部的定时器组件和火力调节组件进行检修。

① 定时器组件的检测方法

在定时器组件中，同步电动机较易出现异常情况，若同步电动机异常，将引起微波炉无法定时或定时失常的故障。

检测同步电动机时，一般可使用万用表检测两引脚间的阻值的方法判断好坏。

典型微波炉控制装置中同步电动机的检测方法如图10-32所示。

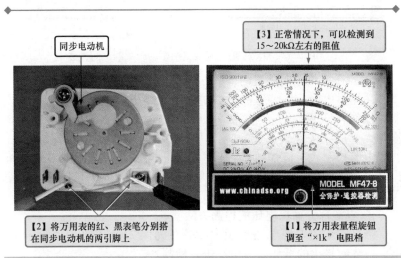

图10-32　典型微波炉控制装置中同步电动机的检测方法

② 火力控制组件的检测方法

在火力控制组件中，微动开关的状态决定火力控制功能的实现。若微动开关异常，将引起微波炉火力控制功能失常的故障。

检测火力控制组件中的微动开关时，一般可使用万用表检测其引脚间通断状态来判断其好坏。

典型微波炉控制装置中微动开关的检测方法如图 10-33 所示。

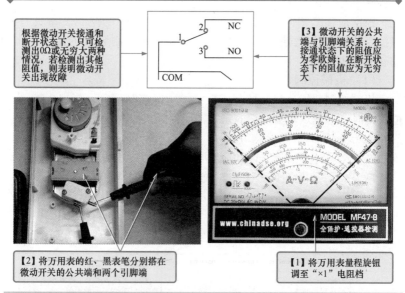

图 10-33　典型微波炉控制装置中微动开关的检测方法

（2）微电脑控制装置的检测方法

采用微电脑控制装置的微波炉中，电路板中包括电源供电、控制、操作和显示部分。若该部分出现故障时，常会引起通电后，微波炉无反应、按键失灵、蜂鸣器无声、数码显示管无显示等现象。对微电脑控制式微波炉电路进行检修时，可依据具体故障表现分析出产生故障的原因，并根据电路的控制关系，对可能产生故障的相关部件逐一进行排查。

①　电源部分输出电压的检测方法

当微波炉的电源电路出现故障，在确保 220V 供电正常的情况下，应先对输出的低压直流电压进行检测。

若检测电源电路输出的低压直流电压正常，则说明电源电路正常，若检测的低压直流电压不正常，则说明前级电路可能出现故障，需要进行下一步的检修。

典型微波炉中低压直流电压的检测方法如图 10-34 所示。

②　操作和显示部分操作按键的检测方法

在微波炉操作和显示部分中，操作按键损坏经常会引起微波炉控制失灵的故障，检修时，可通过万用表检测操作按键的通断情况，来判断操作按键是否损坏。

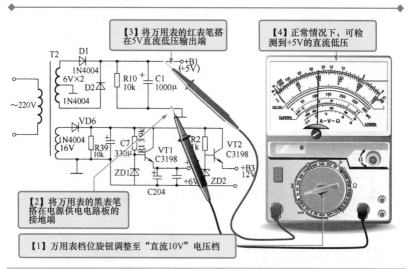

图 10-34　低压直流电压的检测方法

典型微波炉中操作按键的检测方法见图 10-35 所示。

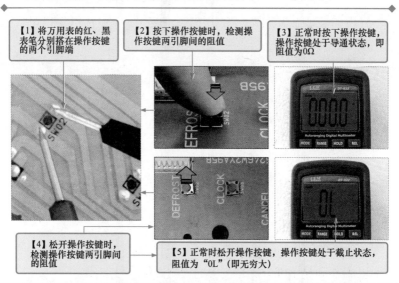

图 10-35　典型微波炉中操作按键的检测方法

扩展

　　在微电脑控制装置中，微处理器芯片、晶体、复位电路也都是重要的组成部分，可借助万用表或示波器进行检测。例如，对于微处理器芯片，可通过检测其工作条件和输出信号的方法判断好坏，若供电、时钟、复位三大基本条件满足时，无控制信号输出，则多为微处理器芯片损坏，具体方法和步骤这里不再一一列举。

第11章

彩色电视机的拆装与检修技能

11.1　彩色电视机的结构原理

11.1.1　彩色电视机的结构特点

 1. 了解新型彩色电视机的整机结构

新型彩色电视机的外部结构相对比较简单，从外观来看，主要是由显示屏、操作按键、后盖、输入/输出接口等构成的。图11-1为新型彩色电视机的外部结构图。

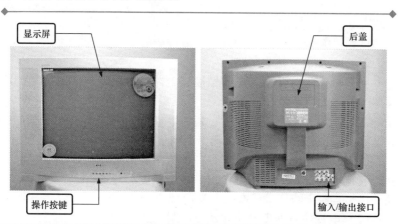

显示屏

后盖

操作按键

输入/输出接口

图11-1　新型彩色电视机的外部结构图

图11-2 所示为新型彩色电视机的内部结构。新型彩色电视机内部是由各种电路板、显像管构成的。

主电路板一般固定在前端外壳和底部外壳上，操作显示电路板一般安装在显像管尾座上，主电路板与显像管之间用高压帽进行连接。

显像管电路

高压帽

偏转线圈

主电路板

图 11-2　新型彩色电视机的内部结构

 2. 了解新型彩色电视机的电路结构

图 11-3 为新型彩色电视机的整机结构图。其电路基本上都是由电视信号接收电路（主要是调谐器）、电视信号处理电路、音频信号处理电路、系统控制电路、行扫描电路和场扫描电路、开关电源电路、显像管电路、AV/TV 切换电路等构成的。

（1）电视信号接收电路

新型彩色电视机的电视信号接收电路功能是将从天线送来的高频电视信号中调谐选择出欲收的电视信号，进行调谐放大后与本机振荡信号混频，输出 IF（中频）信号。如图 11-4 所示为电视信号接收电路的实物外形，主要是由调谐器构成的。

由于它所处理的信号频率很高，为防止外界干扰，通常将它独立封装在屏蔽良好的金属盒子里，由引脚与外电路相连，外壳上的插孔用来接收天线信号或有线电视信号。

（2）电视信号处理电路和系统控制电路

电视信号处理电路主要是包括视频信号处理和中频信号处理，这两部分电路和微处理器集成在一个芯片内，称为超级芯片。系统控制电路是新型彩色电视机的控制核心，图 11-5 所示为电视信号处理电路和系统控制电路的实物外形。

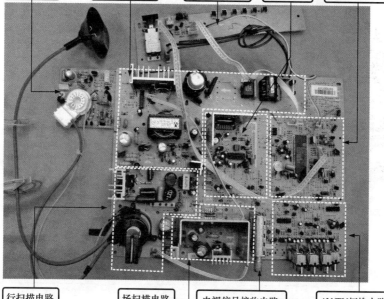

图 11-3　新型彩色电视机的整机结构图

图 11-4　电视信号接收电路的实物外形

图 11-5　电视信号处理电路和系统控制电路的实物外形

💡 **提示**

　　有些彩色电视机，将系统控制电路和电视信号处理电路分开，如图 11-6 所示。

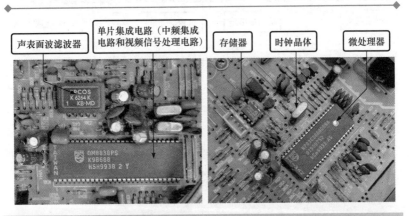

图 11-6　系统控制电路和电视信号处理电路

　　（3）音频信号处理电路

　　音频信号处理电路是处理和放大音频信号的电路，它主要是由音频信号处理集成电路和音频功率放大器构成，如图 11-7 所示，通常与新型彩色电视机的扬声器相连接。

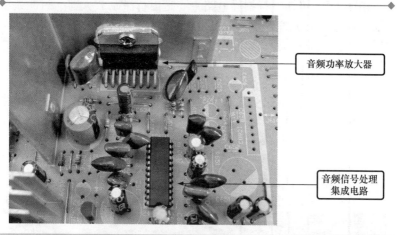

音频功率放大器

音频信号处理
集成电路

图 11-7 音频信号处理电路的实物外形

（4）行扫描电路和场扫描电路

行扫描电路主要是产生行偏转线圈所需的行锯齿波脉冲，用来产生偏转磁场，控制显像管内的电子束进行水平扫描；场扫描电路主要是为垂直偏转线圈提供锯齿波电流，控制显像管内的电子束进行垂直扫描，与视频信号保持同步的关系。图 11-8 所示为行扫描电路和场扫描电路的实物外形。

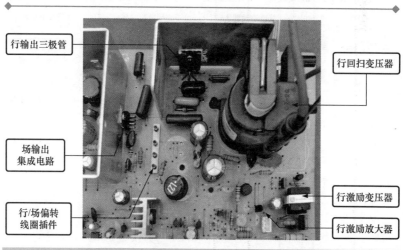

行输出三极管

行回扫变压器

场输出
集成电路

行/场偏转
线圈插件

行激励变压器

行激励放大器

图 11-8 行扫描电路和场扫描电路的实物外形

由图11-8可知，行扫描电路主要是由行激励放大器、行激励变压器、行输出三极管、行回扫变压器、行/场偏转线圈插件以及外围元器件等构成的；场扫描电路主要是由场输出集成电路以及外围元器件等构成的。

（5）开关电源电路

在彩色电视机中，开关电源电路是电视机的能源供给电路，主要是由熔断器、互感滤波器、桥式整流堆、滤波电容器、开关变压器、开关振荡集成电路、开关场效应晶体管、光耦合器以及外围元器件等构成的，图11-9所示为开关电源电路的实物外形。

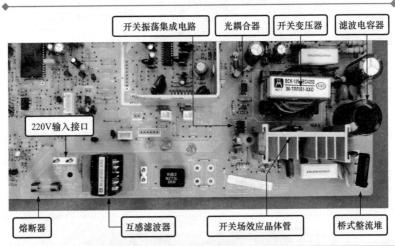

图11-9　开关电源电路的实物外形

（6）显像管电路

显像管是新型彩色电视机的显示部件，它在视频图像信号、高压、副高压和偏转信号的联合作用下显示电视图像，如图11-10所示显像管电路的实物外形。

由图11-10可知，显像管电路主要包括末级视放电路和显像管电极供电电路等部分，其主要作用是将解码电路送来的R、G、B信号进行放大，然后形成控制显像管三个阴极的信号。

（7）AV/TV切换电路

AV/TV切换电路是对外部输入音频接口和本机接收信号，进行选择（切换）的电路，主要由AV/TV切换集成电路构成的，如图11-11所示为AV/TV切换电路的实物外形。

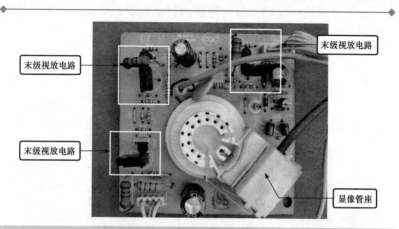

图 11-10　显像管电路的实物外形

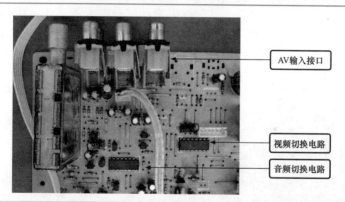

图 11-11　AV/TV 切换电路的实物外形

11.1.2　彩色电视机的工作原理

彩色电视机接收天线送来的射频信号以及 AV 接口等输送的音、视频信号，经过内部功能电路处理后，形成用以图像显示和发声的信号、电压，图像通过显像管在屏幕上显示出来，声音则通过扬声器发出。

在显像管屏幕的内侧有很多组涂有红、绿、蓝三色荧光粉的品字形或栅条形光点，如图 11-12 所示。显像管尾部的电子枪在电路的控制下发射出三束电子流，三束电子流分别对应荧光屏上的 R、G、B 三色荧光粉。为了实现电子束的水平和垂直扫描运动，在显像管的管径上设有偏转线圈。偏转线圈通过磁场使电子束产生偏转，从而实现水平扫描和垂直扫描，形成一个长方形的画面。

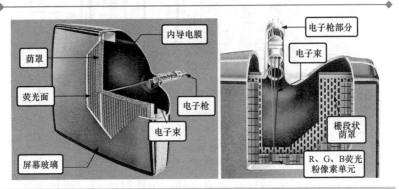

图 11-12　显像管的结构和成像原理

电子束穿过荫罩后，再射到屏幕的三色荧光粉点上，R、G、B三束电子流聚焦到荫罩的小孔处，穿过小孔后分别射到荧光面的 R、G、B 粉点上。这样可以有效地防止杂乱的电子到达荧光面干扰图像，使图像颜色正确稳定，如图 11-13 所示。

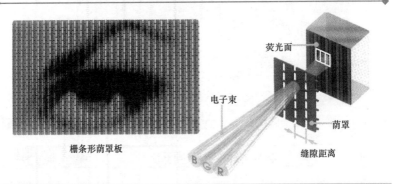

图 11-13　荫罩的功能

偏转线圈是将行（水平）偏转线圈和场（垂直）偏转线圈绕制在一个骨架上，然后套在显像管管颈上，三束电子流从它的中心穿过，行、场锯齿波电流送入偏转线圈时，线圈所产生的水平偏转和垂直偏转磁场同时作用到三束电子流上使电子束产生水平和垂直的合成运动，从而实现对屏幕的扫描。

图 11-14 为康佳 P29MV217 型彩色电视机的整机信号流程框图。

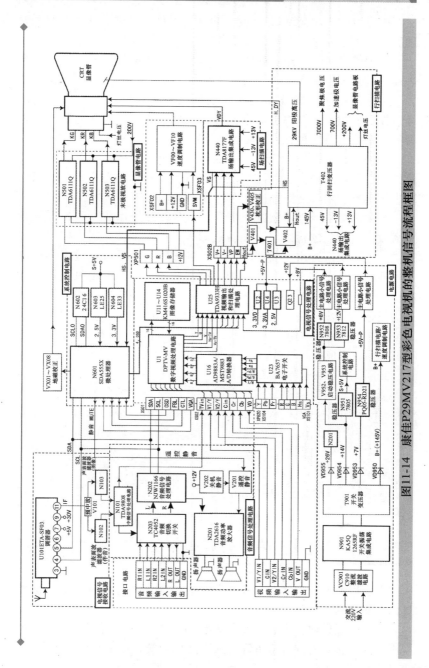

图11-14 康佳P29MV217型彩色电视机的整机信号流程框图

从图中可以看出，交流 220V 送入电源电路后，经过整流、滤波等处理后，变为各级直流电压为彩色电视机的各部分供电。

电视信号接收电路接收由天线送入的射频信号，经调谐器、声表面滤波器和中频信号处理电路处理后，输出视频信号和伴音信号。

伴音信号以及 AV 接口送入的音频信号首先送入音频切换开关，经选择后输出左、右声道音频信号，经过音频信号处理电路处理和音频功率放大器放大后，驱动扬声器发声。

视频信号经接插件传输到电视信号处理电路中，经电路中的芯片处理后，输出 R、G、B 三基色信号送到显像管电路中，同时该电路也输出行、场激励信号送到行、场扫描电路中。

行激励信号经过行激励三极管、行激励变压器和行输出三极管放大后，送到显像管的水平偏转线圈中，产生偏转磁场，控制显像管内的电子束进行水平扫描；同时，场激励信号经过场输出集成电路处理后，送到垂直偏转线圈中，控制显像管内的电子束进行垂直扫描，与视频信号保持同步的关系。行扫描电路中的行回扫变压器还为场输出集成电路、显像管等提供工作电压。

显像管电路接收 R、G、B 三基色信号，经过三组末级视放集成电路放大后，形成控制显像管的三个阴极信号。显像管在图像信号、高压、副高压和偏转信号的联合作用下，在显示屏幕上形成可视图像。

系统控制电路是整机的控制核心，该电路中的微处理器接收指令信号，经识别后根据程序发出各种控制信号，进行选台、调节音量、开/关机等操作。

11.2　彩色电视机的拆装技能

11.2.1　彩色电视机外壳的拆卸方法

下面以典型新型彩色电视机为例，介绍其外部结构拆卸方法和具体操作步骤。

在动手操作前，用软布垫好操作台，然后先要观察新型彩色电视机的外观，查看并分析拆卸的入手点以及螺钉或卡扣的紧固部位，如图 11-15 所示为新型彩色电视机的外形及螺钉紧固部位。

固定螺钉　　固定螺钉

图 11-15　典型新型彩色电视机的外形及螺钉紧固部位

在对外壳拆卸前应注意清理现场环境，防止灰尘、杂物等进入彩色电视机的内部，并应在防静电桌面上进行操作。

首先对新型彩色电视机外壳部分进行拆卸，然后用十字槽螺钉旋具拆下前后壳之间的固定螺钉即可，拆卸螺钉的步骤如图 11-16 所示。

外壳固定螺钉的拆卸

图 11-16　外壳固定螺钉的拆卸

接着，需要分离前后壳之间的卡扣，由于彩色电视机的前后壳都是塑料制品，在使用螺钉旋具进行掰撬时，不要用力过猛，否则较容易留下划痕影响美观，甚至可能造成外壳开裂，图 11-17 所示为卡扣的拆卸过程。至此，新型彩色电视机的外壳部分的拆卸操作已基本完成。

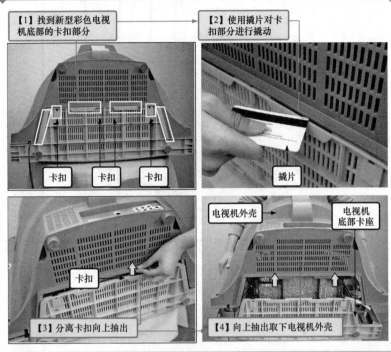

图 11-17　新型彩色电视机卡扣的拆卸

11.2.2　彩色电视机电路板的拆卸方法

新型彩色电视机的主电路板一般固定在前端外壳和底部外壳上，操作显示电路板一般安装在显像管尾座上，主电路板与显像管之间用高压帽进行连接。在对电路板部分进行拆卸时，可以对高压帽、显像管电路板、主电路板、操作显示电路板等进行拆卸分离。

　1. 高压帽的拆卸

在拆卸新型彩色电视机的高压帽时，具体的方法如图 11-18 所示。在拆卸高压帽时，应首先对其进行放电，以免被电击。放电的方法有很多种，可以利用万用表表笔进行放电，放电时将表笔导线一端接地，另一端插进高压帽里，即可实现显像管阳极的放电过程，放电后，即可将高压帽取下。

图 11-18　新型彩色电视机高压帽的拆卸

 2. 显像管电路板的拆卸

显像管电路板一般插入显像管管座中，该电路板主要是为显像管提供 R、G、B 驱动信号及供电电压。

新型彩色电视机的显像管都是采用插入显像管管座的安装方式，用手轻轻晃动显像管电路板，将其从显像管管座上拔下即可，如图 11-19 所示，注意显像管尾部很脆弱，用力过猛可能会将显像管尾管打碎，从而导致显像管报废。

 3. 主电路板的拆卸

由于前端操作按键通常通过信号引线与主电路板进行数据传输，因此在拆卸时，还应仔细观察电路间信号引线的连接方式，然后再对主电路板进行拆卸。如图 11-20 所示，拆卸主电路板之前，首先将电路板与彩色电视机底部卡座分离，以便看清整个电路板的结构以及各插件的连接关系，卡扣部位应小心拆卸，以免损坏电路板，拔出引线时，用力不要过猛，以免将引线拔断，待拔出连接引线后，即可完成新型彩色电视机主电路板与显示屏的分离。

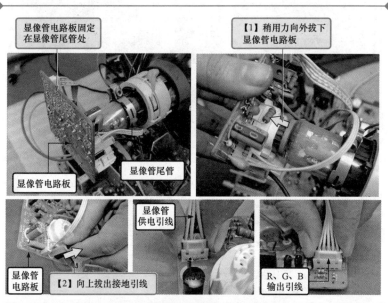

图 11-19　新型彩色电视机显像管电路板的拆卸

将信号连接线拆卸后，就可以取下主电路板了，如图 11-21 所示。

 4. 操作显示电路板与主电路板的拆卸

操作显示电路板与主电路板是两块不同的电路板，它们之间通过数据传输引线进行连接，拆卸的方法如图 11-22 所示。

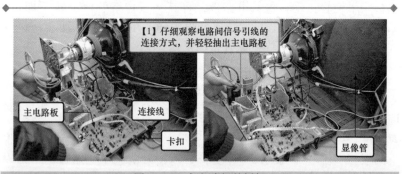

图 11-20　主电路板的拆卸

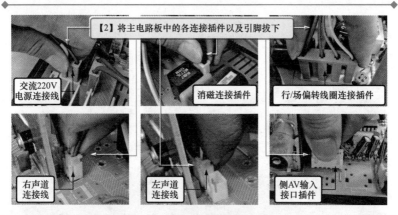

图 11-20　主电路板的拆卸（续）

图 11-21　取下主电路板

 提示

　　对新型彩色电视机连接引线与插件的拆卸时，要注意连接插件的连接方式和位置，拆卸时不要用力过猛，以免损坏引线和插件。

5. 主电路板与底座的拆卸

　　首先观察主电路板与底座的连接方式，图 11-23 所示为新型彩色电视机的主电路板与底座的连接方式。

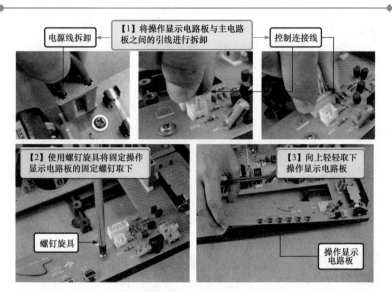

图 11-22　新型彩色电视机操作显示电路板的拆卸

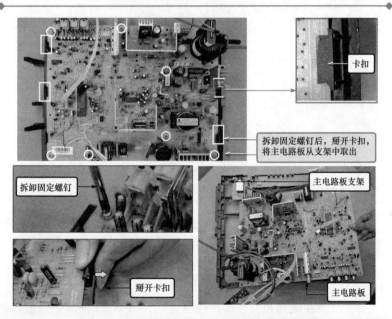

图 11-23　新型彩色电视机主电路板与底座的拆卸

11.3 彩色电视机的检修技能

11.3.1 彩色电视机的检修分析

电视机出现故障主要出现在电视信号接收电路、音频信号处理电路、电视信号处理电路、行扫描电路、场扫描电路、系统控制电路、显像管电路和开关电源电路，当电视机出现故障后，可依据故障现象进行逐步排查，圈定故障点并修复。

图 11-24 所示为电视机的检修分析。

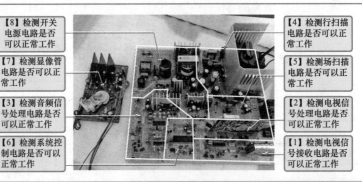

图 11-24　电视机的检修分析

11.3.2 彩色电视机的检修方法

电视机的维修方法主要是通过不同的故障现象，来圈定故障点。这需要过硬的维修技能与丰富的维修经验才能实现。经过对众多电视机检修案例的整理，本书将电视机维修的各项使用技能制作了八个专项训练，通过这些专项训练案例在电视机维修技术和维修经验上会有一个飞速的增长。

1. 电视信号接收电路的检修方法

对于彩色电视机电视信号接收电路的检测，可使用万用表或示波器等测试仪器对待测彩色电视机的电视信号接收电路中的电压或信号波形进行测量，然后将实际检测到的电压值或信号波形与正常彩色电视机电视信号接收电路中的电压值或信号波形进行比较，即可以判断出电视信号接收电路的故障部位。

不同彩色电视机的电视信号接收电路的检修方法基本相同，下面以康佳 P29MV217 型彩色电视机为例介绍电视信号接收电路的具体检测方法。

（1）电视信号接收电路输出信号的检测方法

当怀疑彩色电视机中电视信号接收电路出现故障时，应首先判断该电路部分有无输出，即在通电开机的状态下，对电视信号接收电路输出的音频信号和视频图像信号进行检测。

若检测电视信号接收电路输出的信号正常，则说明电视信号接收电路基本正常；若检测无信号输出，则说明该电路可能出现故障，需要进行下一步的检测。电视信号接收电路输出信号的检测方法见图 11-25 所示。

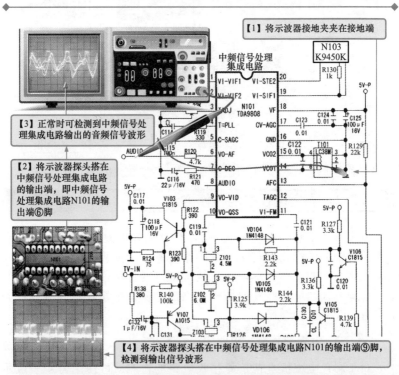

图 11-25　电视信号接收电路输出信号的检测方法

（2）中频信号处理集成电路的检测方法

若电视信号接收电路无音频信号和视频图像信号输出，即中频信号处理集成电路无输出，此时需要对中频信号处理集成电路的工作条件（供电电压）进行检测。

直流供电是中频信号处理集成电路的基本工作条件，若无直流供电电压，即使中频信号处理集成电路本身正常，也将无法工作，因此应对该供电电压进行检测，若供电电压正常，而仍无输出，则需要进行下一步的检测。中频信号处理集成电路工作条件的检测方法见图11-26所示。

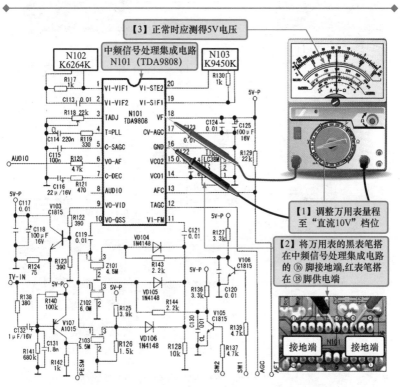

图11-26   中频信号处理集成电路工作条件的检测方法

（3）声表面波滤波器输出信号的检测方法

若中频信号处理集成电路供电电压正常，而仍无音频信号和视频图像信号输出，则应对声表面波滤波器（图像和伴音）送来的图像中频信号和伴音中频信号进行检测。

　　若声表面波滤波器输出的信号正常，即中频信号处理集成电路输入的信号正常，则表明中频信号处理集成电路本身可能损坏；若输入的信号波形不正常，则应继续对其前级电路进行检测。声表面波滤波器输出信号的检测方法见图11-27所示。

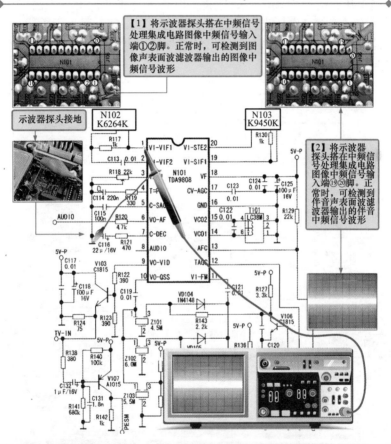

图 11-27　声表面波滤波器输出信号的检测方法

　　（4）预中放输出信号的检测方法

　　若声表面波滤波器输出的图像和伴音中频信号不正常，则接下来应对前级预中放集电极输出的中频信号进行检测。

　　若预中放集电极输出的中频信号正常，则表明预中放本身及前级电路均正常；若预中放集电极无信号输出，则应检测其预中放的输入信号，即调谐器的输出信号是否正常。预中放输出信号的检测方法见图 11-28 所示。

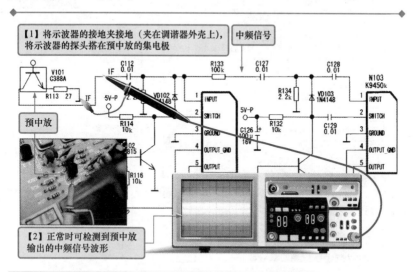

图 11-28　预中放输出信号的检测方法

（5）调谐器输出信号的检测方法

若预中放的集电极无信号输出，则应对其基极的输入信号，即调谐器输出的中频信号进行检测。

若调谐器输出的中频信号正常，则表明谐调器能正常工作；若该信号不正常，则说明调谐器可能出现故障，需要对调谐器相关工作条件以及调谐器本身等进行检测。调谐器输出信号的检测方法见图 11-29 所示。

 2. 音频信号处理电路的检修方法

对彩色电视机音频信号处理电路的检测，可使用万用表或示波器测量待测彩色电视机的音频信号处理电路，然后将实测电压值或波形与相应电路的正常的数值或波形进行比较，即可判断出音频信号处理电路的故障部位。

不同彩色电视机的音频信号处理电路的检修方法基本相同，下面以康佳 P29MV217 型彩色电视机为例介绍音频信号处理电路的具体检修方法。

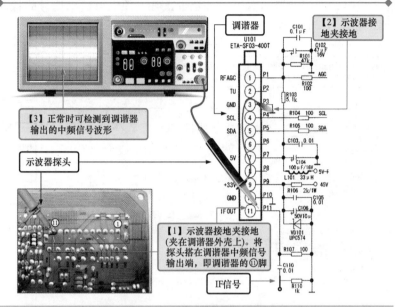

图 11-29　调谐器输出信号的检测方法

（1）检测音频功率放大器的输出信号

当怀疑音频信号处理电路出现故障时，应首先判断该电路部分有无输出，即在通电开机的状态下，对音频信号处理电路输出到扬声器的音频信号进行检测。

若检测的信号正常，则说明音频信号处理电路基本正常；若检测无信号输出，则说明该电路可能出现故障，需要进行下一步的检测。音频功率放大器输出端左声道音频信号（L）的检测方法如图 11-30 所示。

（2）检测音频信号处理芯片的输出信号

若音频功率放大器的供电电压正常，而仍无音频信号输出，则应对音频信号处理芯片送来的音频信号进行检测。

若音频信号处理芯片输出的信号正常，即音频功率放大器输入的信号正常，则表明音频功率放大器本身可能损坏；若输入的信号波形不正常，则应继续对其前级电路进行检测。音频信号处理芯片输出信号的检测方法见图 11-31 所示。

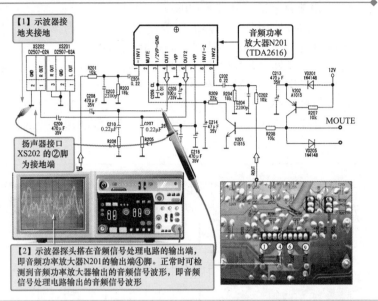

图 11-30　音频功率放大器输出信号的检测方法

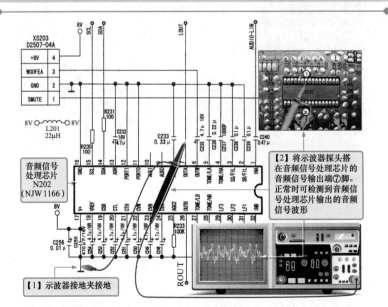

图 11-31　音频信号处理芯片输出信号的检测方法

（3）检测音频信号处理芯片的输入信号

若音频信号处理芯片的各工作条件均正常，而仍无音频信号输出，则应对音频信号处理芯片输入的音频信号进行检测。

若音频信号处理芯片输入（音频信号切换电路输出）的音频信号正常，且工作条件也能够满足，而输出端仍无音频信号输出，则表明音频信号处理芯片本身可能损坏；若输入的音频信号波形不正常，则应继续对其前级电路进行检测。音频信号处理芯片的输入信号的检测方法见图11-32所示。

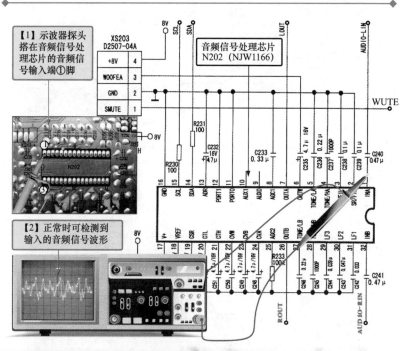

图11-32　音频信号处理芯片的输入信号的检测方法

3. 电视信号处理电路的检修方法

对于彩色电视机电视信号处理电路的检测，可使用万用表和示波器测量待测彩色电视机电视信号处理电路的供电电压和信号波形，然后将实测电压值或波形与相应电路的正常的数值或波形进行比较，即可判断出电视信号处理电路的故障部位。

　　下面以康佳 P29MV217 型彩色电视机的数字电路板为例介绍电视信号处理电路的具体检修方法。

　　（1）检测视频输出和扫描信号处理电路的输出信号

　　当怀疑电视信号处理电路出现故障时，首先使用示波器对视频输出和扫描信号处理电路 TDA933H 输出的 R、G、B 视频信号和行、场激励信号进行检测。R、G、B 视频信号可在 TDA9333H 的㊵脚、㊶脚和㊷脚上测得，行、场激励信号可在 TDA9333H 的⑧脚（Hout）、①脚（V＋）和②脚（V－）上测得。若输出的 R、G、B 三基色信号或行、场激励信号正常，应对后级电路进行检测；若信号波形不正常，应对视频输出和扫描信号处理电路的工作条件进行检测，判断其是否损坏。视频输出和扫描信号处理电路 TDA9333H 输出的 B 基色信号和行激励信号的检测方法，如图 11-33 所示。

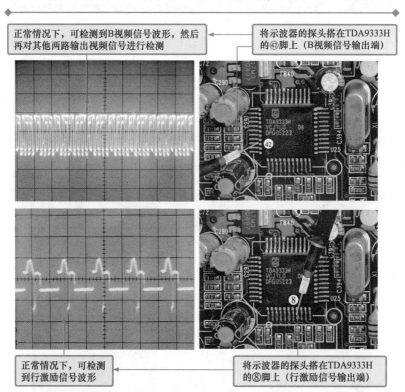

图 11-33　视频输出和扫描信号处理电路 TDA9333H 输出信号的检测方法

扩展

图 11-34 所示为视频输出和扫描信号处理电路 TDA9333H 的⑩脚、
⑪脚、①脚和②脚信号波形。

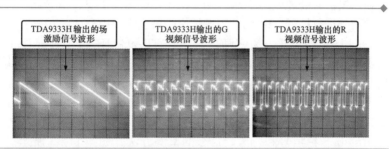

图 11-34   视频输出和扫描信号处理电路 TDA9333H 输出的其他信号波形

（2）检测数字视频处理集成电路的输出信号

对数字视频信号处理电路 DPTV－MV6720 输出的 R、G、B 三
基色信号和行、场同步信号进行检测，R、G、B 三基色信号可在
DPTV－MV6720 的㉗脚、㉘脚和㉙脚上测得，行、场同步信号可在
㉞、㉟脚上测得。若输出信号异常，应继续对数字视频信号处理电
路的输入信号及工作条件进行检测。数字视频处理集成电路输出的
G 基色信号和场同步信号的检测方法，如图 11-35 所示。

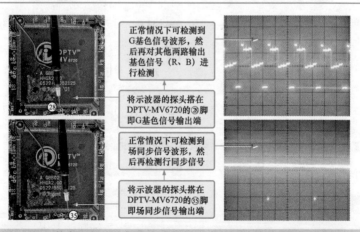

图 11-35   数字视频处理集成电路 DPTV－MV6720 输出信号的检测方法

扩展

图 11-36 所示为数字视频处理集成电路 DPTV – MV6720 的㉗脚、㉙脚、㉞脚信号波形。

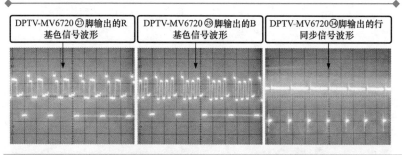

DPTV-MV6720㉗脚输出的R基色信号波形

DPTV-MV6720㉙脚输出的B基色信号波形

DPTV-MV6720㉞脚输出的行同步信号波形

图 11-36　数字视频处理集成电路 DPTV – MV6720 输出的其他信号波形

 4. 行扫描电路的检修方法

对于彩色电视机行扫描电路的检测，可使用万用表或示波器测量待测彩色电视机的行扫描电路，然后将实测电压值或波形与相应电路的正常的数值或波形进行比较，即可判断出行扫描电路的故障部位。

不同彩色电视机的行扫描电路的检修方法基本相同，下面以康佳 P29MV217 型彩色电视机为例介绍行扫描电路的具体检修方法。

（1）检测行扫描电路输出的行锯齿波脉冲信号

当怀疑行扫描电路出现故障时，应首先判断该电路部分有无输出，即在通电开机的状态下，对行扫描电路输出的行锯齿波脉冲信号（行偏转线圈驱动）进行检测。

通常在行输出变压器处即可感应出行扫描电路输出的行锯齿波脉冲信号。若经检测信号正常，则说明行扫描电路正常，若无信号输出或信号输出异常，均表明行扫描电路中存在故障元器件，需对其进行下一步的检修。行扫描电路输出行锯齿波脉冲信号的检测方法如图 11-37 所示。

提示

行输出变压器是一个特殊的变压器，其驱动脉冲是由行输出三极管提供的，因此在行输出变压器处感应的脉冲信号波形即为行输出三极管输出的行锯齿波脉冲信号。由于行输出三极管输出的行锯齿波脉冲信号幅度达上千伏，因此使用示波器检测时不得将探头搭在行输出三极管的输出端（集电极）引脚上，以免损坏示波器，用示波器直接检测时，需使用高压探头或用示波器检测脉冲电压较低的引脚，如行输出变压器的⑤、⑥、⑨脚。

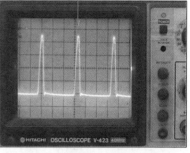

图 11-37　行扫描电路输出行锯齿波脉冲信号的检测方法

扩展

若检测行扫描电路输出的行激励脉冲信号正常，而彩色电视机仍表现为行扫描电路故障时，此时应对行偏转线圈进行检测，一般情况下行偏转线圈的阻值在 $1 \sim 5\Omega$ 之间，高清彩色电视机行偏转线圈更低，在 $0.5 \sim 0.7\Omega$ 之间。

（2）检测行输出变压器的供电电压

若在行输出变压器处检测不到行扫描电路输出的行锯齿波脉冲信号，则说明行输出变压器没有正常工作，此时应对行输出变压器的工作条件（ +B 电压）进行检测。

若行输出变压器的供电电压正常，则说明行扫描电路中存在故障元件，需对其进行下一步的检修；若行输出变压器的供电电压不正常，则应对前级开关电源电路进行检测。行输出变压器供电电压的检测方法如图 11-38 所示。

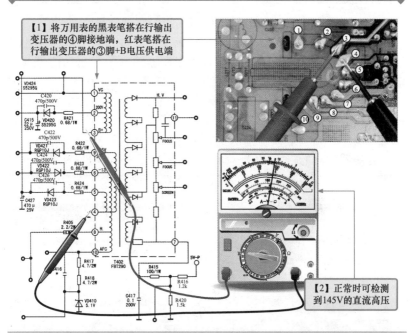

图 11-38　行输出变压器供电电压的检测方法

提示

　　在彩色电视机实际维修中，检测行输出变压器的供电电压（+B 电压）时，无特殊情况，通常不会选择在行输出变压器的 +B 电压引脚处进行检测，而一般会在开关电源电路的输出端处进行检测。

扩展

　　若检测不到行锯齿波脉冲信号，但行输出变压器的供电电压正常，也有可能是行输出变压器或行输出级电路出现了故障，若行输出变压器某个绕组短路或开路，可使用一般万用表测出，若线圈间有局部短路或漏电，或产生高压电弧，就不易检测出，只有用一个适用于这个电路的行输出变压器进行代换才能判别是否正常，但更换行输出变压器不是一件容易的事，除非所有其他部件都确定是良好的情况外，再进行更换。

（3）检测行激励变压器输出的行输出级驱动信号

若在行输出变压器处检测不到行锯齿波脉冲信号，且行输出变压器的供电也正常，此时应对行激励变压器输出的行驱动信号（行输出三极管的基极信号）进行检测，以判断行输出三极管是否正常。

若行激励变压器输出的行驱动信号正常，而由行输出三极管输出的行锯齿波脉冲信号不正常，则说明行输出三极管可能损坏；若无信号输出，则应继续对前级的信号进行检测，以查找故障点。行激励变压器输出的行输出级驱动信号的检测方法如图 11-39 所示。

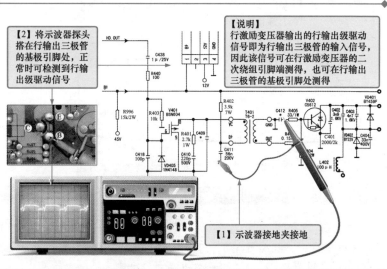

图 11-39　行激励变压器输出行输出级驱动信号的检测方法

扩展

行输出三极管是行输出级电路的关键元器件，它的直流偏压一般都是 110～145V，其主要作用是将行脉冲放大到 1000V（峰值）以上。检测行输出三极管时，若基极输入的脉冲波形正常，而集电极输出的波形不正常，则说明行输出三极管已损坏或供电不正常（行输出三极管的供电电压等同于 +B 电压，参见 +B 电压检测方法进行检测）。

5. 场扫描电路的检修方法

对于彩色电视机场扫描电路的检测，可使用万用表或示波器测量待测彩色电视机的场扫描电路，然后将实测电压值或波形与相应电路的正常的数值或波形进行比较，即可判断出场扫描电路的故障部位。

不同彩色电视机的场扫描电路的检修方法基本相同，下面以康佳 P29MV217 型彩色电视机为例介绍场扫描电路的具体检修方法。

（1）检测场输出集成电路输出的场锯齿波脉冲信号

当怀疑场扫描电路出现故障时，应首先判断该电路部分有无输出，即在通电开机的状态下，对场输出集成电路输出的场锯齿波脉冲信号（场偏转线圈驱动信号）进行检测。

若经检测场锯齿波脉冲信号正常，则说明场扫描电路正常，若无信号输出或信号输出异常，均表明场扫描电路中存在故障元器件，需对其进行下一步的检修。场扫描电路输出场锯齿波脉冲信号的检测方法如图 11-40 所示。

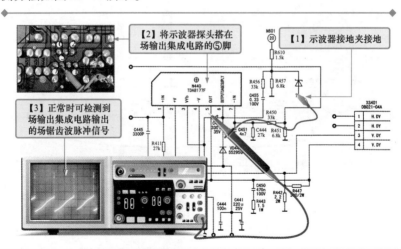

图 11-40　场输出集成电路输出场锯齿波脉冲信号的检测方法

扩展

若检测场输出集成电路输出的场锯齿波脉冲信号正常，而彩色电视机仍表现为场扫描电路故障时，此时应对场偏转线圈进行检测，一般情况下场偏转线圈的阻值在 15～50Ω（串联）、7.5～25Ω（并联）之间。

（2）检测场输出集成电路的供电电压

若场输出集成电路无锯齿波脉冲信号输出，说明场输出集成电路没有工作，此时应对其工作条件，即供电电压进行检测。

若场输出集成电路的供电电压异常，则需对前级的行扫描电路进行检测；若供电电压正常，则需对场扫描电路进行下一步的检修。场输出集成电路供电电压的检测方法如图 11-41 所示。

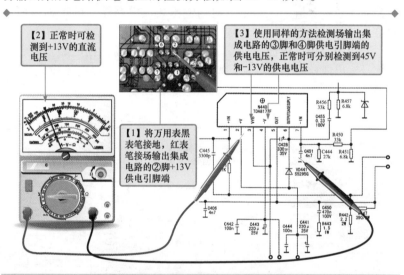

图 11-41　场输出集成电路供电电压的检测方法

（3）检测场输出集成电路输入的对称锯齿波脉冲信号

若检测不到场输出集成电路输出的场锯齿波脉冲信号，且场输出集成电路的供电也正常，此时应对场输出集成电路输入的对称锯齿波脉冲信号进行检测，以判断场输出集成电路是否正常。

若场输出集成电路输入的对称锯齿波脉冲信号正常，而输出的信号不正常，则说明场输出集成电路损坏；若输入的对称锯齿波脉冲信号不正常，则还需对其进行下一步的检修。场输出集成电路输入的对称锯齿波脉冲信号的检测方法如图 11-42 所示。

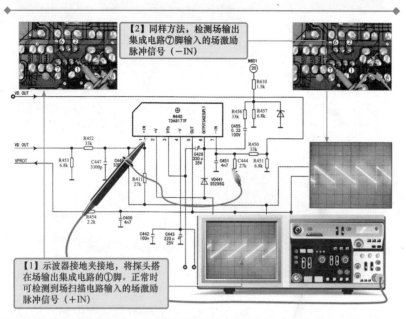

图 11-42　场输出集成电路输入的对称锯齿波脉冲信号的检测方法

（4）检测场输出集成电路输出的场逆程脉冲信号

当场扫描电路信号均正常时，还需对场输出集成电路输出的场逆程脉冲信号进行检测，若输出的场逆程脉冲信号正常，则说明场扫描电路正常，若无信号输出，则说明场输出集成电路可能损坏。场扫描电路输出场逆程脉冲信号的检测方法如图 11-43 所示。

 6. 系统控制电路的检修方法

对彩色电视机系统控制电路进行检测时，可使用万用表或示波器测量待测彩色电视机系统控制电路中的各关键点的参数，然后将实测电压值或波形与相应电路的正常的数值或波形进行比较，即可判断出系统控制电路的故障部位。

不同彩色电视机的系统控制电路的检修方法基本相同，下面以康佳 P29MV217 型彩色电视机为例，介绍系统控制电路的具体检修方法。

微处理器可接收的指令信号包括遥控信号和键控信号两种。当用户操作遥控器或彩色电视机面板上的操作按键无效时，可检测微处理器指令信号输入端信号是否正常。

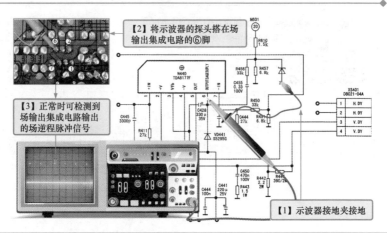

图 11-43 场扫描电路输出场逆程脉冲信号的检测方法

（1）微处理器遥控信号的检测方法

当用户操作遥控器时，遥控信号送至微处理器的输入端。若微处理器遥控信号端信号正常，则表明其前级遥控接收电路及遥控器等均正常；若无信号，则应检测遥控输入电路，即检测遥控接收电路、遥控器、遥控信号的输送线路及输送线路中的元器件等。微处理器遥控信号的检测方法见图 11-44 所示。

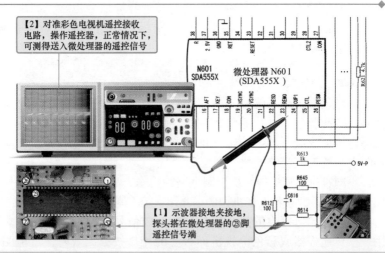

图 11-44 微处理器遥控信号的检测方法

（2）微处理器键控指令输入信号的检测方法

当用户操作彩色电视机面板上的操作按键时，人工指令信号送至微处理器的键控信号端。若微处理器键控信号端信号正常，则表明其前级操作显示电路中的操作部分均正常；若无信号，则应检测键控信号输入电路，即检测操作按键、键控信号的输送线路及输送线路中的元器件等。微处理器键控信号的检测方法如图 11-45 所示。

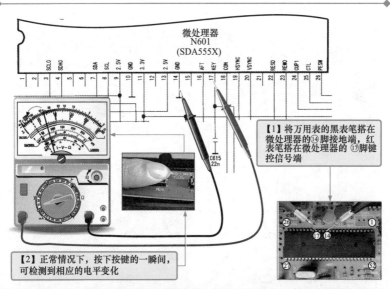

图 11-45　微处理器键控信号的检测方法

若经上述检测，微处理器的指令输入端信号均正常，而控制功能仍无法实现则多为微处理器本身或控制信号输出线路存在故障，可进行下一步检测。

微处理器输出的控制信号主要有 I^2C 总线信号和开机/待机控制信号。

（3）微处理器 I^2C 总线信号的检测方法

微处理器的 I^2C 总线信号是系统控制电路中的关键信号。彩色电视机中的几个主要芯片几乎都通过 I^2C 总线受微处理器的控制，并与之进行信号传输。

若微处理器 I^2C 总线信号正常，则表明微处理器已进入工作状态，在该状态下，个别控制功能失常时，应重点检测微处理器相关控制功能引脚外围元器件；若无 I^2C 总线信号，多为处理器损坏或未工作。微处理器 I^2C 总线信号的检测方法如图 11-46 所示。

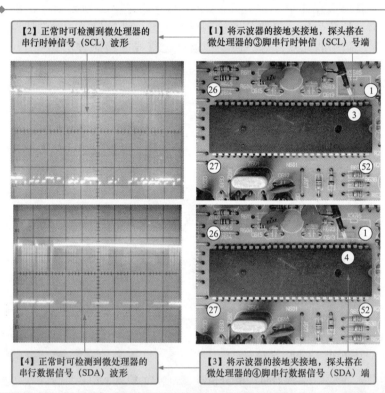

图 11-46　微处理器 I^2C 总线信号的检测方法

（4）微处理器开机/待机控制信号的检测方法

微处理器的开机/待机控制信号是微处理器控制彩色电视机进行开机和待机状态转换的控制信号。一般可在开机瞬间，用万用表监测微处理器开机/待机控制端电平有无变化来判断该控制信号是否正常。

若经检测微处理器输出的开机/待机控制信号正常，则表明微处理器工作正常；若无信号，则在微处理器工作条件等正常的前提下，多为微处理器本身损坏。微处理器开机/待机控制信号的检测方法如图 11-47 所示。

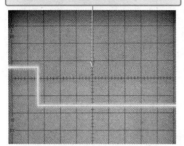

【2】电视机由开机转变到待机的一瞬间，可检测到开机/待机信号波形（电平变换）

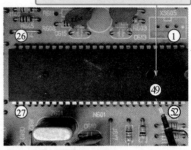

【1】将示波器的接地夹接地，探头搭在微处理器的⑭脚开机/待机信号端

图11-47　微处理器开机/待机控制信号的检测方法

 7. 显像管电路的检修方法

对于彩色电视机显像管电路的检测，可使用万用表或示波器测量待测彩色电视机的显像管电路，然后将实测电压值或波形与正常显像管电路的数值或波形进行比较，即可判断出显像管电路的故障部位。

不同彩色电视机的显像管电路的检修方法基本相同，下面以康佳P29MV217型彩色电视机为例，介绍显像管电路的具体检修方法。

（1）检测末级视放电路输出端的R、G、B三基色信号

当怀疑显像管电路出现故障时，应首先判断该电路有无输出，即在通电开机的状态下，对显像管电路中末级视放电路输出的R、G、B三基色信号进行检测。

若检测输出的R、G、B三基色信号均正常，则说明末级视放电路部分基本正常；若检测无三基色信号输出或某一路无输出，则说明该路或前级电路可能出现故障，需要进行下一步的检修。

由于输出端R、G、B三基色信号的检测方法相同，下面以输出端R信号的检测为例进行介绍。末级视放电路输出端R信号的检测方法如图11-48所示。

提示

如果维修人员在检测显像管电路时，没有示波器，可以使用万用表直流电压档检测显像管阴极上的工作电压，正常情况下可检测到125V左右的电压值。

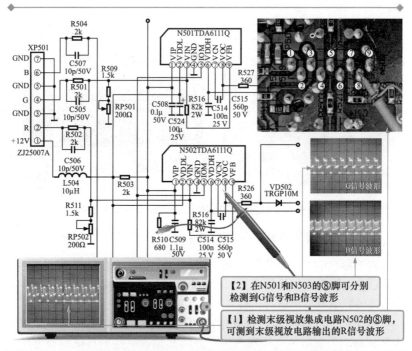

图 11-48　末级视放电路输出端 R 信号的检测方法

　　（2）检测末级视放电路的基本供电条件

　　若显像管电路中末级视放电路输入端的 R、G、B 三基色信号正常，而输出端无信号输出，则应对该电路的直流供电条件（直流低压和直流高压）进行检测。

　　直流供电是显像管电路的基本工作条件之一。若直流供电异常，即使显像管电路本身正常，也无法工作，因此当出现直流供电异常时需对前级供电电路进行检修；若直流供电正常，而末级视放电路输出端仍无输出，则应进行下一步检修。末级视放电路直流低压的检测方法如图 11-49 所示。

　　末级视放电路直流高压（＋200V）的检测方法如图 11-50 所示。

　　（3）检测显像管的灯丝电压

　　若显像管电路中末级输出电路输出的 R、G、B 三基色信号均正常，而彩色电视机仍无图像显示，则应对其显像管的灯丝电压进行检测。

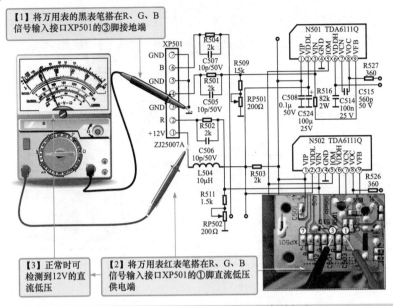

图 11-49　末级视放电路直流低压的检测方法

灯丝电压是显像管正常工作的条件之一。若经检测灯丝电压异常，则应对前级行扫描电路进行检修。

显像管灯丝电压的检测方法如图 11-51 所示。

 提示

灯丝电压（6.3V）由电视机主电路板上的行输出变压器提供。根据维修经验，正常时，用万用表交流档检测供电插件处的电压在 4.5V 左右，测显像管管座处该交流信号值一般在 3.7V 左右（用示波器检测峰值为 6.3V）。

8. 开关电源电路的检修方法

对于彩色电视机开关电源电路的检测，可使用万用表或示波器等测试仪器对待测彩色电视机的开关电源电路的电压值、电阻值或信号波形进行检测，然后将实际检测到的电压值或信号波形与正常彩色电视机开关电源电路中的电压值、电阻值或信号波形进行比较，即可以判断出开关电源电路的故障部位。

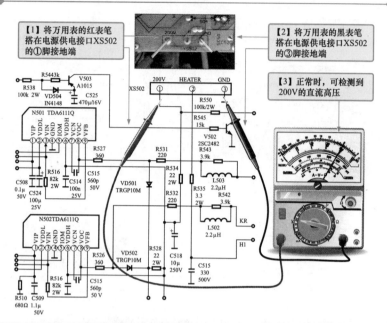

图 11-50 末级视放电路直流高压（+200 V）的检测方法

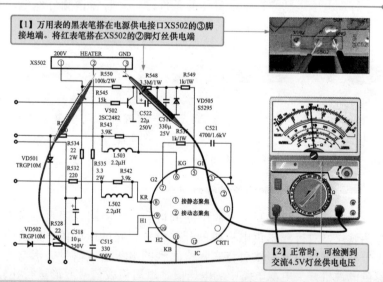

图 11-51 显像管灯丝电压的检测方法

（1）桥式整流电路的检测方法

在开关电源电路中，桥式整流电路的作用是将220V交流电压整流后输出300V直流电压，若开关电源电路无＋300V电压输出，则需对整流电路中的桥式整流堆进行检测。其检测方法如图11-52所示。

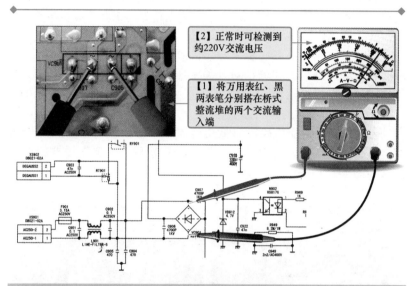

图11-52　桥式整流电路的检测方法

桥式整流堆有交流输入端和直流输出端，正常时交流输入端可检测到220V的电压，而直流输出端可检测到300V的电压；若交流输入端220V电压正常，而直流输出端无300V输出，一般表明桥式整流堆损坏。

提示

对桥式整流堆进行检测时，除了使用电压检测法进行检测外，还可使用电阻检测法判断桥式整流堆的好坏。电阻检测法是指对桥式整流堆的交流输入端和直流输出端的阻值进行检测。正常情况下，在路检测时，其交流输入端正、反向阻值均为无穷大；直流输出端正向阻值约为几百欧姆，反向阻值为无穷大。但由于是在路检测，因此阻值的大小可能会受周围元器件的影响，因此当怀疑桥式整流堆异常时，可先将其焊下再进行检测。

（2）开关振荡电路的检测方法

若检测开关电源电路输出的 +300V 直流电压正常，而开关电源电路无直流低压输出，则应对开关振荡电路中的主要部分进行检测。

开关振荡电路主要用于产生振荡脉冲，经开关变压器一次绕组后感应到二次侧，使二次绕组输出高频低压脉冲信号，若该电路出现问题，应按供电流程分别对开关变压器、开关三极管以及开关振荡集成电路进行检测。

① 开关变压器的检测方法

若检测开关电源电路没有低压直流电压输出，且输出的 +300V 的直流电压也正常，可对开关变压器进行检测。开关变压器的检测方法如图 11-53 所示。

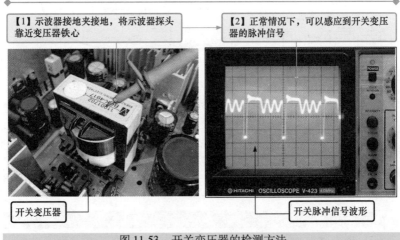

图 11-53　开关变压器的检测方法

由于开关变压器一次的脉冲电压很高而且带交流火线高压，所以采用感应法判断开关变压器的工作状态是目前普遍采用的一种简便方法。若检测时有感应脉冲信号，则说明开关变压器本身和开关振荡集成电路工作正常，否则说明开关振荡电路中有不良器件或虚焊、脱焊等故障。

❓　　提示

在对于开关变压器进行检测时，除了可以使用感应法外，还可以使用万用表检测开关变压器绕组间的阻值，将检测到的阻值与正常开关变压器引脚间的阻值进行比较，即可判断出被测开关变压器是否正常。

② 开关振荡集成电路的检测方法

若开关变压器无感应脉冲信号波形输出，此时说明开关电源电路中的开关振荡集成电路及相关外围电路存在故障。

检测开关振荡集成电路时可分两个步骤进行：开关振荡集成电路启动端的起动电压和开关振荡集成电路输出的脉冲电压。开关振荡集成电路的检测方法如图 11-54 所示。

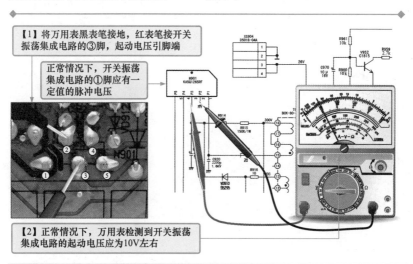

【1】将万用表黑表笔接地，红表笔接开关振荡集成电路的③脚，起动电压引脚端

正常情况下，开关振荡集成电路的①脚应有一定值的脉冲电压

【2】正常情况下，万用表检测到开关振荡集成电路的起动电压应为10V左右

图 11-54　开关振荡集成电路的检测方法

若检测开关振荡集成电路的起动电压不正常，应先对起动电路中的主要元器件进行检测，如起动电阻等。

若检测开关振荡集成电路的起动电压正常，而输出的脉冲电压不正常，则表明开关振荡集成电路本身损坏，需要对开关振荡集成电路进行更换。

提示

通常情况下，检测开关振荡电路时，若检测开关变压器无脉冲信号输出，应对开关三极管进行检测。由于我们检测的康佳P29MV217型彩色电视机中的开关三极管集成在开关振荡集成电路中，所以若开关变压器没有工作，可以直接对开关振荡集成电路进行检测。

——— 第 12 章 ———
液晶电视机的拆装与检修技能

12.1　液晶电视机的结构原理

12.1.1　液晶电视机的结构特点

　　液晶电视机的外部结构相对比较简单，从外观上看，液晶电视机的外部是由液晶显示屏、外壳和底座构成的，图 12-1 为典型液晶电视机的外部结构图。

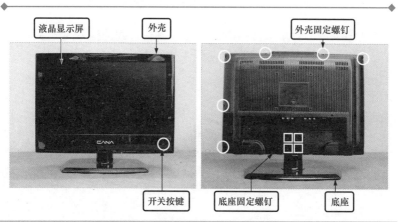

图 12-1　液晶电视机的外部结构图

　　打开液晶电视机外壳，即可看到其内部结构，如图 12-2 所示，液晶电视机内部是由主电路板、开关电源电路板、操作显示电路板、液晶显示屏组件和背光灯等构成。

　　液晶电视机是由液晶显示屏和多个电路板组合而成的。其各单元电路不是独立存在的，在正常工作时，各电路因相互传输信号而存在一定的联系，如图 12-3 所示。

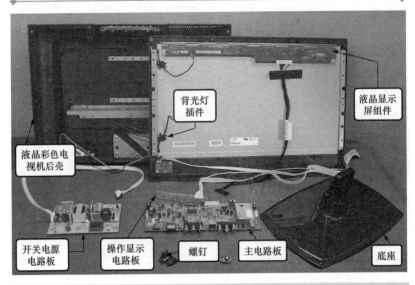

图 12-2　液晶电视机的内部结构

从图中可以看出，液晶电视机各电路板之间的信号传输关系为：直流电压由开关电源电路板传输到主电路板及背光灯等部分，为其提供工作条件。操作显示电路和遥控接收电路向液晶电视机输入人工指令，经主电路板处理后，由微处理器输出各种控制信号，使液晶电视机进入工作状态。

 1. 电视信号接收电路

液晶电视机的电视信号接收电路包括调谐器和中频电路两部分，如图 12-4 所示。调谐器用于接收外部天线信号或有线电视信号，进行处理后输出中频信号；中频电路则用于将调谐器输出的中频信号进行视频检波和伴音解调后输出视频图像信号和第二伴音中频信号，送往后级电路中。

 2. 视频解码电路

液晶电视机中，视频解码电路的主要功能是将电视信号接收电路或接口电路输入的模拟视频图像信号进行解码处理，变为亮度和色差信号或者是数字视频信号后再输出，如图 12-5 所示。

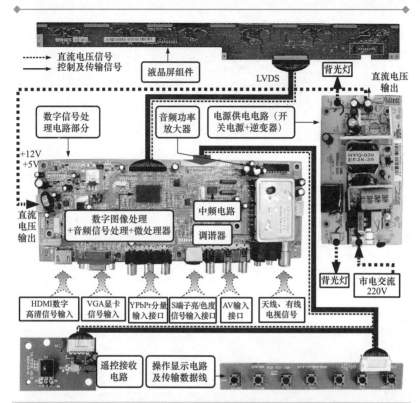

- ┈┈▶ 直流电压信号
- ────▶ 控制及传输信号

液晶屏组件

LVDS

背光灯

直流电压输出

数字信号处理电路部分

音频功率放大器

电源供电电路（开关电源+逆变器）

+12V
+5V

直流电压输出

数字图像处理+音频信号处理+微处理器

中频电路

调谐器

HYQ-030
EF28-20

HDMI数字高清信号输入

VGA显卡信号输入

YPbPr分量输入接口

S端子亮/色度信号输入接口

AV输入接口

天线、有线电视信号

背光灯

市电交流220V

遥控接收电路

操作显示电路及传输数据线

图 12-3　液晶电视机的电路关系

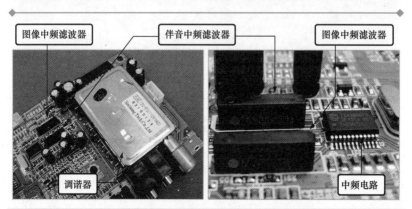

图像中频滤波器

伴音中频滤波器

图像中频滤波器

调谐器

中频电路

图 12-4　典型液晶电视机中的电视信号接收电路

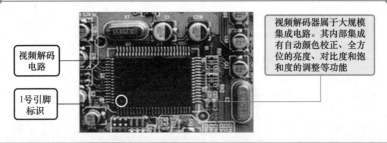

视频解码
电路

1号引脚
标识

视频解码器属于大规模
集成电路。其内部集成
有自动颜色校正、全方
位的亮度、对比度和饱
和度的调整等功能

图 12-5　典型液晶电视机中的视频解码电路

3. 数字图像信号处理电路

液晶电视机的数字图像信号处理电路用于进行数字图像处理、输出数字视频信号，并驱动液晶显示屏工作。除此之外，具有多个输入信号接口，可接收外部视频设备的 AV 信号、S－视频信号和 YPbPr 分量视频信号等，图 12-6 所示为典型液晶电视机中数字图像信号处理电路的实物外形。

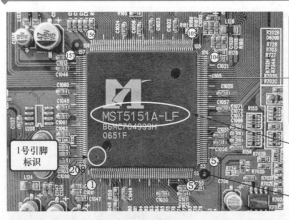

1号引脚
标识

数字图像处理电路拥有
几乎所有应用于图像捕
捉、处理及显示时钟控
制等方面的功能，内置
增益、对比度、亮度、
色饱和度、色调、肤色
校正调节等电路，且具
有抗电磁干扰和低功耗
等特点

集成电路表面
的型号标识

数字图像处理电路
U105(MST5151A)

图 12-6　典型液晶电视机中数字图像信号处理电路的实物外形

4. 音频信号处理电路

液晶电视机的音频信号处理电路一般由音频信号处理集成电路和音频功率放大器两大部分构成。该电路主要是用于完成第二伴音中频信号的解调、数字音频处理并输出多组音频信号去驱动扬声器发声。图 12-7 所示为典型液晶电视机中音频信号处理电路的实物外形。

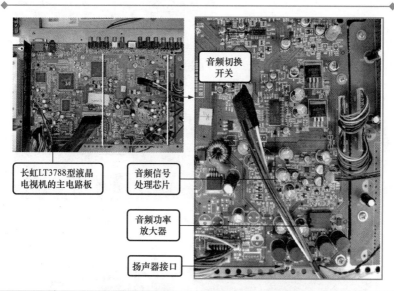

图 12-7　典型液晶电视机中的音频信号处理电路的实物外形

 5. 系统控制电路

系统控制电路是整个液晶电视机的控制核心。系统控制电路中的核心是一只大规模集成电路，通常称为微处理器（CPU）。该电路外围设置有晶体、存储器等元器件，如图 12-8 所示。

 6. 开关电源电路

开关电源电路是整机工作的动力源，它将市电交流 220V 变成 +12V、+24V、+5V 等多路直流电压，为液晶电视机各电路板供电，如图 12-9 所示。

 7. 逆变器电路

在液晶电视机中，逆变器电路用于为液晶电视机的背光灯管供电。该电路将开关电源电路输出的一路直流电压（12V 或 24V）逆变为交流电压后，为背光灯管提供工作条件，如图 12-10 所示。

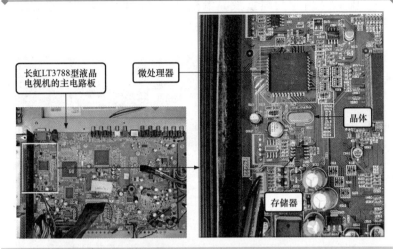

图 12-8　典型液晶平板电视机中的系统控制电路

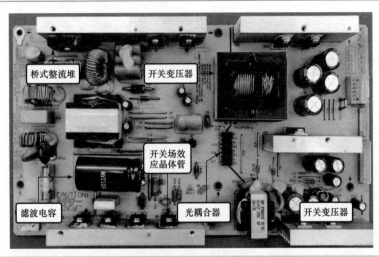

图 12-9　典型液晶平板电视机中的开关电源电路

 8. 液晶显示屏及驱动电路

　　液晶显示屏及驱动电路构成一个不可分割的组件，接收来自数字图像信号处理电路输出的图像数据信号及相关的同步信号，并将这些信号分配给液晶显示屏的驱动端，使液晶显示屏显示图像，如图 12-11 所示。

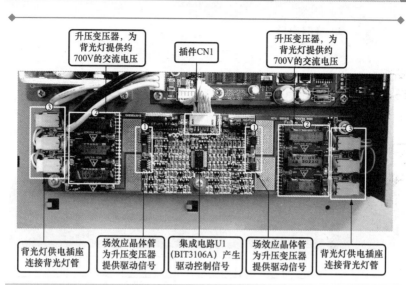

升压变压器，为背光灯提供约700V的交流电压

插件CN1

升压变压器，为背光灯提供约700V的交流电压

背光灯供电插座连接背光灯管

场效应晶体管为升压变压器提供驱动信号

集成电路U1（BIT3106A）产生驱动控制信号

场效应晶体管为升压变压器提供驱动信号

背光灯供电插座连接背光灯管

图12-10　典型液晶平板电视机中的逆变器电路板

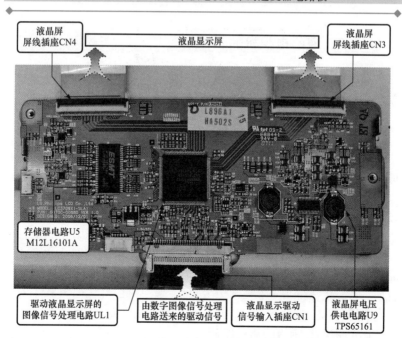

液晶屏屏线插座CN4

液晶显示屏

液晶屏屏线插座CN3

存储器电路U5M12L16101A

驱动液晶显示屏的图像信号处理电路UL1

由数字图像信号处理电路送来的驱动信号

液晶显示驱动信号输入插座CN1

液晶屏电压供电电路U9TPS65161

图12-11　典型液晶电视机中的显示屏及驱动电路

9. 接口电路

液晶电视机的接口电路主要包括与各种外部设备或信号进行连接用的各种接口及接口的外围电路部分，是液晶电视机与外部设备之间进行联系的信号通道。图 12-12 所示为典型液晶电视机中各种接口的实物外形。

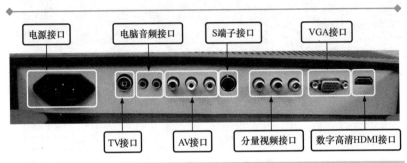

图 12-12　典型液晶电视机中各种接口的实物外形

12.1.2　液晶电视机的工作原理

在对液晶电视机进行检修之前，需要对液晶电视机的成像工作原理，信号流程及电路关系等有所了解。

 1. 液晶电视机的整机工作原理

液晶电视机接收天线或有线电视接口送来的射频信号或外接接口等输送的音、视频数字信号，经过内部功能电路处理后，形成用以控制液晶屏显示图像的数字信号和音频信号，数字图像信号通过显示屏驱动电路在液晶屏上显示出动态图像，而音频信号则经音频信号处理电路后驱动扬声器发声。

液晶显示屏是液晶电视机上特有的显示部件，该部分主要由液晶显示板、显示屏驱动电路和背部光源组件构成，如图 12-13 所示。目前，常见的液晶显示屏驱动方式，是采用有源开关的方式来对各个像素进行独立的精确控制，以实现更精细的显示效果。

（1）液晶显示板的显色原理

在液晶层的前面，设计有 R、G、B 栅条组成的彩色滤光片，光穿过 R、G、B 栅条，就可以看到彩色光，如图 12-14 所示。在每个像素单元中，都是由 TFT（薄膜场效应晶体管）对液晶分子的排列进行控制，从而改变透光性，使每个像素都显示不同的颜色。

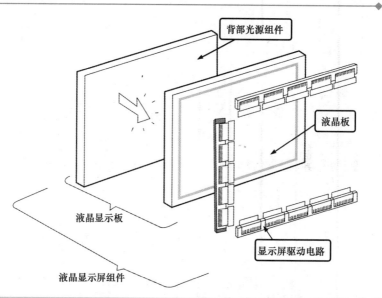

图 12-13　液晶显示屏的结构

由于每个像素单元的尺寸很小，从远处看就是由 R、G、B 合成的颜色，与显像管 R、G、B 栅条合成的彩色效果是相同的。这样液晶层设在光源和彩色滤光片之间，每秒液晶层的变化与图像画面同步。

（2）背部光源组件的工作原理

液晶屏的背部光源组件的工作原理如图 12-15 所示。背光灯灯管所发的光是发散的，而反光板将光线全部反射到液晶屏一侧，光线经导光板后变成均匀的平行光线，再经过多层光扩散膜使光线更均匀更柔和，最后照射到液晶中。

当背光灯的两端加上 700～1000V 的交流电压后，灯管内部的电子将会高速撞击电极，产生二次电子，水银（汞）受到电子撞击后产生波长为 253.7nm 的紫外光，紫外光激发涂在内壁上的荧光粉产生可见光。

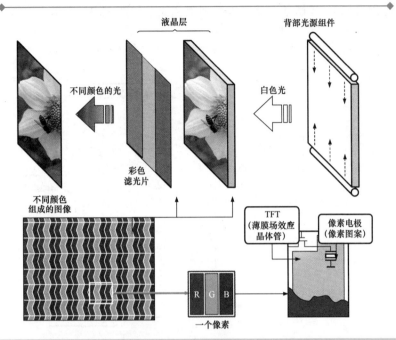

图 12-14　液晶显示屏的显色原理

　2. 液晶电视机的信号处理过程

液晶电视机中各种单元电路都不是独立存在的。在正常工作时，它们之间因相互传输各种信号而存在一定的联系，从而实现了信号的传递，使液晶电视机可以对相应的信号进行处理，显示出图像和发出声音。

图 12-16 为典型液晶电视机的整机电路信号流程图。由图可知，该电视机主要是由一体化调谐器 N100、微处理器/数字图像处理/音频信号处理集成电路 N500、音频功率放放大器 N600、电源电路、逆变器电路和液晶显示屏组件等构成的。

天线所接收的电视信号或有线电视信号经接口送入一体化调谐器中，由调谐器及外围元器件构成的电视信号接收电路完成射频信号的放大、变频以及音、视频信号的解调等处理，由①脚输出音频信号，③脚输出视频图像信号送往微处理器/数字图像处理/音频信号处理集成电路 N500 中。由 VGA 接口以及视频分量接口输入的信号也送入 N500 中，在 N500 内部对两路视频信号进行切换和处理。

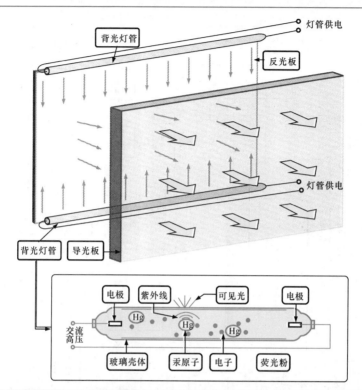

图 12-15　液晶屏的背部光源组件的工作原理

本机接收的视频信号与外部接口输入的视频信号，经 N500 内部切换、数字图像处理后，形成低压差分信号（LVDS），经屏线送往液晶屏驱动电路中，从而使液晶屏显示图像。

第二伴音信号经 N500 内部的音频处理部分处理后，输出 L、R 音频信号，该信号被分别送往音频功率放大器 N600 和音频放大电路 N200 中，经放大处理后，再分别送往本机左、右声道扬声器以及耳机接口。

数字图像处理/音频信号处理电路 N500 内部集成的微处理器电路，通过 SDA（串行数据线）和 SCL（串行时钟线）传输控制信号。数据存储器 N503、程序存储器 N502 和 DDRAM 存储器 N501 作为图像存储器和程序存储器使用，配合 N500 芯片工作。

整机的待机、电源指示灯、静音、背光灯的亮度、背光灯电源供电等的调节控制都是由 N500 芯片中的微处理器进行控制的。

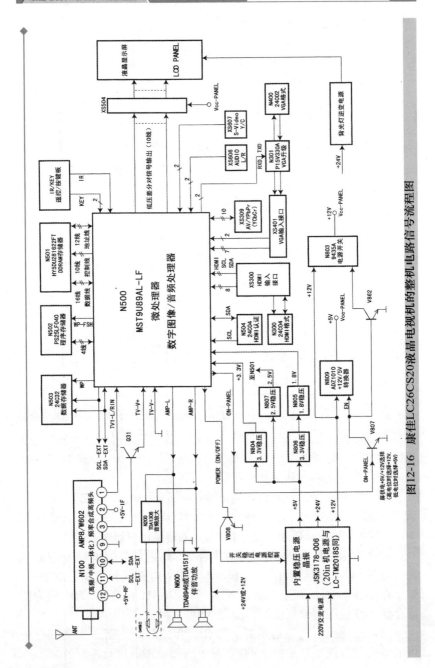

图12-16　康佳LC26CS20液晶电视机的整机电路信号流程图

交流 220V 电压在开关电源电路中进行滤波、整流、开关振荡、稳压等处理后，输出多路直流电压，为电路板上的各电路单元及元器件提供基本的工作条件。

12.2　液晶电视机的拆装技能

对液晶电视机维修时，可根据维修需求拆卸液晶电视机的外壳或电路板部分，下面具体学习液晶电视机的拆卸方法。

12.2.1　液晶电视机外壳的拆卸

液晶电视机整机外壳拆卸方法如图 12-17 所示。

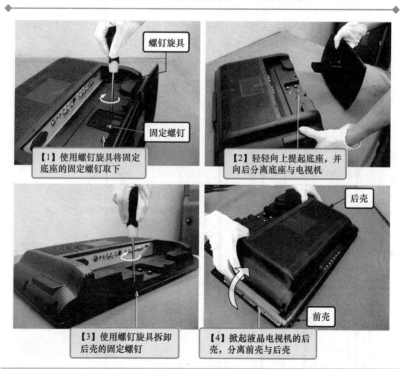

螺钉旋具

固定螺钉

【1】使用螺钉旋具将固定底座的固定螺钉取下

【2】轻轻向上提起底座，并向后分离底座与电视机

【3】使用螺钉旋具拆卸后壳的固定螺钉

后壳

前壳

【4】掀起液晶电视机的后壳，分离前壳与后壳

图 12-17　液晶电视机整机外壳拆卸方法

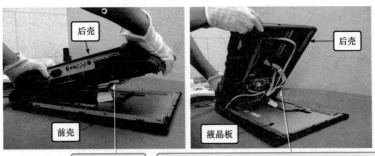

【5】取下液晶电视机的后壳

掀起液晶电视机的后壳时，发现后壳与前壳之间有数据线连接，应避免用力过大，造成数据线的损坏

图 12-17　　液晶电视机整机外壳拆卸方法（续）

12.2.2　液晶电视机电路板的拆卸

在对液晶电视机内电路板进行分离时，首先应先将各连接端的连接线进行拆卸，如图 12-18 所示。

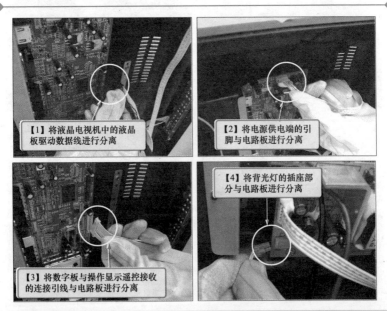

【1】将液晶电视机中的液晶板驱动数据线进行分离

【2】将电源供电端的引脚与电路板进行分离

【3】将数字板与操作显示遥控接收的连接引线与电路板进行分离

【4】将背光灯的插座部分与电路板进行分离

图 12-18　　液晶电视机连接线的拆卸方法

【5】将交流220V输出电源线与电路板进行分离

【6】将扬声器的连接线与电路板进行分离

图 12-18　　液晶电视机连接线的拆卸方法（续）

　　将各连接线拆卸后，则可对液晶电视机中的操作显示电路板进行拆卸了，如图 12-19 所示。

【1】将固定操作显示电路板的固定螺钉分别取下

【2】用手轻轻将固定操作显示电路板的卡扣部分打开

【3】将操作显示电路板取下，完成对操作显示电路板的拆卸

图 12-19　　液晶电视机操作显示电路板的拆卸方法

　　接下来，对液晶电视机的开关电源电路板进行拆卸，如图 12-20 所示。

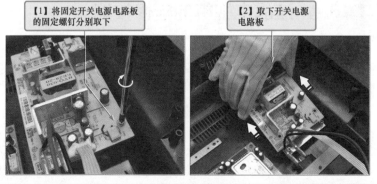

【1】将固定开关电源电路板的固定螺钉分别取下

【2】取下开关电源电路板

图 12-20　　液晶电视机开关电源电路板的拆卸方法

　　除此之外，还需要将液晶电视机内的主电路板进行拆卸，具体拆卸方法如图 12-21 所示。

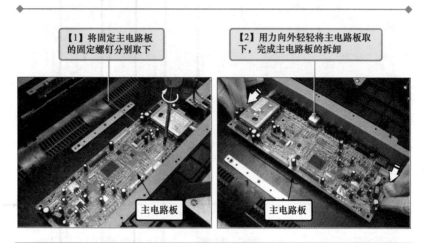

图 12-21　液晶电视机主电路板的拆卸方法

　　至此，液晶电视机内部电路板的拆卸已经完成，这时可检测怀疑损坏的电路板或元器件了。

　　当完成液晶电视机的维修后，则需要对液晶电视机回装操作，具体操作时，可先对电路板、连接线安装固定，然后再对外壳部分固定。

12.3　液晶电视机的检修技能

12.3.1　液晶电视机的检修分析

　　液晶电视机出现故障后，经常会引起图像、声音异常的故障，进行检修时，可依据液晶电视机整机的控制过程对可能产生故障的电路部分进行逐级排查，如图 12-22 所示。由图可知，若液晶电视机出现故障，应根据具体的故障现象对相应的电路部分进行检修，检修过程中可按供电、信号的流程进行逆向检修。

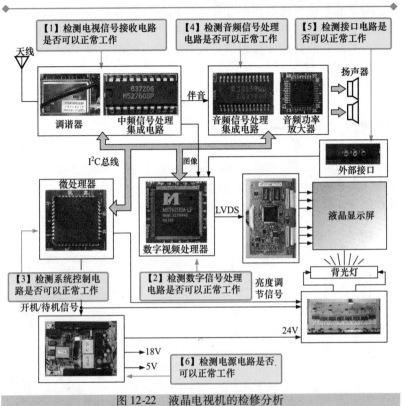

图 12-22　液晶电视机的检修分析

12.3.2　液晶电视机的检修方法

　　液晶电视机的维修方法主要是通过不同的故障现象，来圈定故障点。这需要过硬的维修技能与丰富的维修经验才能实现，下面根据检修分析对液晶电视机的几个重点电路进行检测。

 1. 电视信号接收电路的检修方法

　　液晶电视机电视信号接收电路长期处于工作状态，出现故障的频率很高，通常表现为无图像、图像异常或无伴音等现象。对该电路进行检修时，可依据故障现象分析出产生故障的原因，并根据电视信号接收电路的检修流程对可能产生故障的部件逐一进行排查。

对于液晶电视机电视信号接收电路的检测，可使用万用表或示波器测量待测液晶电视机的电视信号接收电路，然后将实测电压值或波形与正常的数值或波形进行比较，即可判断出电视信号接收电路的故障部位。

不同液晶电视机的电视信号接收电路的检修方法基本相同，现以厦华LC-32U25型液晶电视机为例介绍电视信号接收电路的具体检修方法。

（1）检测电视信号接收电路的输出信号

当电视信号接收电路出现故障时，应首先判断该电路部分有无输出，即在通电开机的状态下，对电视信号接收电路输出的音频信号和视频图像信号进行检测，如图12-23所示。

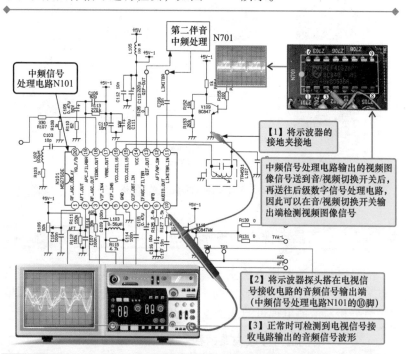

图12-23　电视信号接收电路输出信号的检测方法

若检测电视信号接收电路输出的信号正常，则说明电视信号接收电路基本正常；若检测无信号输出，则说明该电路可能出现故障，需要进行下一步的检测。

（2）检测中频信号处理电路的工作条件

若电视信号接收电路无音频信号和视频图像信号输出，即中频信号处理电路无输出，此时需要对中频信号处理电路的工作条件（供电电压）进行检测，如图12-24所示。

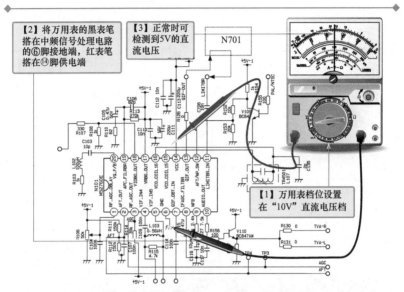

图12-24　中频信号处理电路工作条件的检测方法

直流供电是中频信号处理电路的基本工作条件，若无直流供电电压，即使中频信号处理电路本身正常，也将无法工作，因此检修时应对该供电电压进行检测，若供电电压正常，而仍无输出，则需要进行下一步的检测。

（3）检测声表面波滤波器的输出信号

若中频信号处理电路供电电压正常，而仍无音频信号和视频图像信号输出，则应对声表面波滤波器（图像和伴音）送来的图像中频信号和伴音中频信号进行检测，如图12-25所示。

若声表面波滤波器输出的信号正常，即中频信号处理电路输入的信号正常，则表明中频信号处理电路本身可能损坏；若输入的信号波形不正常，则应继续对其前级电路进行检测。

（4）检测预中放的输出信号

若声表面波滤波器输出的图像和伴音中频信号不正常，则接下来应对前级预中放集电极输出的中频信号进行检测，如图 12-26 所示。

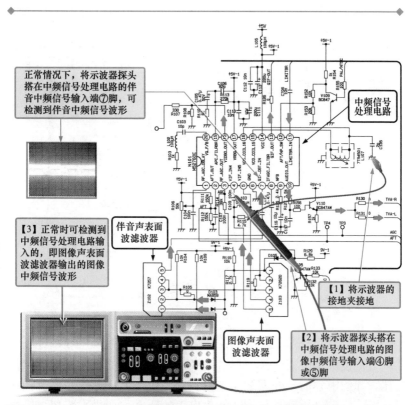

图 12-25　声表面波滤波器输出信号的检测方法

　　若预中放集电极输出的中频信号正常，则表明预中放本身及前级电路均正常；若预中放集电极无信号输出，则应检测其预中放的输入信号，即调谐器的输出信号是否正常。

　　（5）检测调谐器的输出信号

　　若预中放的集电极无信号输出，则应对其基极的输入信号，即调谐器输出的中频信号进行检测，如图 12-27 所示。

　　若调谐器输出的中频信号正常，则表明谐调器能正常工作；若该信号不正常，则说明调谐器可能出现故障，需要对调谐器相关工作条件以及调谐器本身等进行检测。

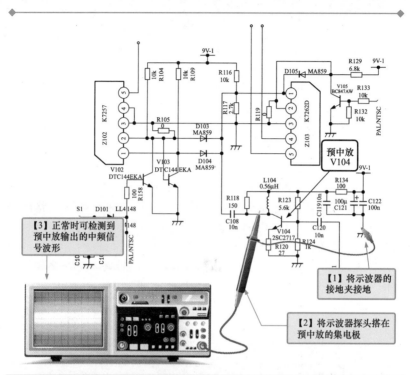

图 12-26　声表面波滤波器输出信号的检测方法

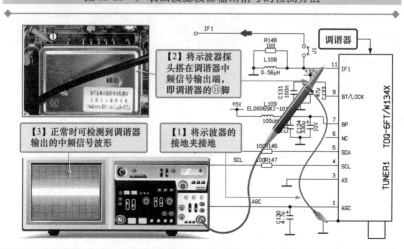

图 12-27　调谐器输出信号的检测方法

2. 数字信号处理电路的检修方法

对液晶电视机数字信号处理电路进行检测时，可使用万用表或示波器测量待测液晶电视机数字信号处理电路中的各关键点的参数，然后将实测电压值或波形与正常的数值或波形进行比较，即可判断出电视信号接收电路的故障部位。

不同液晶电视机的数字信号处理电路的检修方法基本相同，现以厦华 LC-32U25 型液晶电视机为例介绍数字信号处理电路的具体检修方法。

（1）检测数字信号处理电路的输出信号

当怀疑数字信号处理电路出现故障时，应首先判断该电路部分有无输出，即在通电开机的状态下，对数字信号处理电路输出到后级电路或组件的 LVDS 信号（低压差分信号）进行检测（即检测数字图像处理芯片输出的信号），该信号是数字信号处理电路终端的输出信号，如图 12-28 所示。

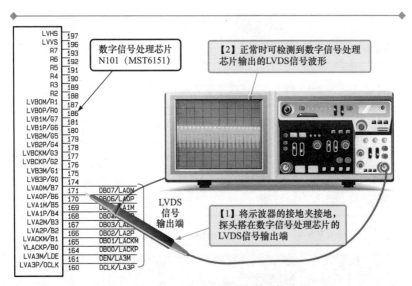

图 12-28　数字信号处理电路输出信号的检测方法

若检测数字信号处理电路输出的信号正常，则说明数字信号处理电路正常；若检测无信号输出，则需要进一步对供电电压进行检测，具体检测方法与中频信号处理电路供电电压的检测方法相同，这里就不再重复。

（2）检测数字图像处理芯片输入信号

若数字图像处理芯片的工作条件正常，而仍无信号输出，则应对其前级电路或器件送来的信号进行检测，即检测数字图像处理芯片的输入信号，如图 12-29 所示。

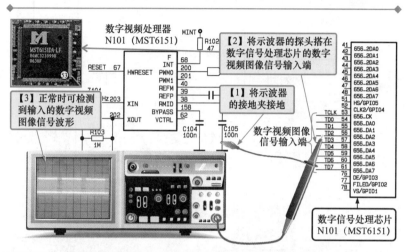

图 12-29　数字图像处理芯片输入信号的检测方法

若经检测数字图像处理芯片输入端信号正常，即前级送来信号正常，在其各工作条件也正常的前提下，仍无输出，则多为数字图像处理芯片本身损坏，用同型号芯片更换即可。

 3. 系统控制电路的检修方法

液晶电视机的系统控制电路若存在故障，通常会造成电视机出现各种异常故障，比如不开机、操作控制失常、调节失灵、不能记忆频道等故障，在对其进行测试时，主要是对微处理器的输出信号、工作条件以及输入信号等进行检测。

（1）检测微处理器的输出信号

微处理器正常工作时需要输出各种控制信号，例如 I^2C 总线信号、开机/待机控制信号以及逆变器开关控制信号等，若怀疑系统控制电路不能正常工作时，应先对这些信号进行检测，如图 12-30 所示。若该信号均正常，则表明系统控制电路可以正常工作；若信号出现异常，则需要对微处理器的工作条件进行检测。

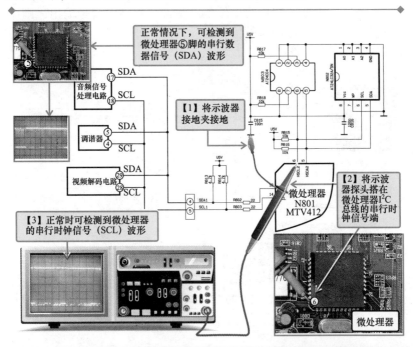

图 12-30　微处理器输出信号的检测方法

扩展

　　检测微处理器的输出信号时，除了检测以上介绍到的信号外，还需要对开机/待机控制信号、逆变器开关控制信号进行检测，图 12-31 所示为正常情况微处理器相关引脚输出的信号。

　　(2) 检测微处理器的工作条件

　　微处理器正常工作需要满足一定的工作条件，其中包括直流供电电压、复位信号和时钟信号等。当怀疑液晶电视机控制功能异常时，可对微处理器这些工作条件进行检测，以判断微处理器的工作条件是否满足需求，如图 12-32 所示。

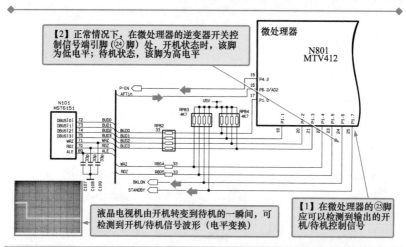

图 12-31　微处理器其他引脚输出的信号

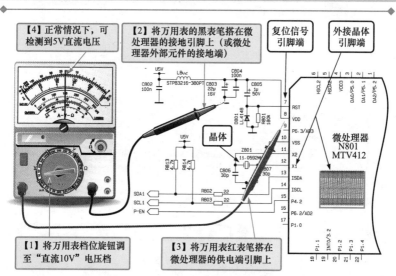

图 12-32　微处理器工作条件的检测方法

提示

　　微处理器的工作条件除了供电电压外，还需要有复位信号（⑦脚）以及时钟信号（⑪脚、⑫脚）。正常情况下，在开机的一瞬间，复位信号应有0～5V的电压跳变；而在晶体的引脚处应能检测到相应的晶振信号波形。

（3）检测微处理器的输入信号

微处理器可接收的指令信号包括遥控信号和键控信号两种。当用户操作遥控器或液晶电视机面板上的操作按键无效时，可检测微处理器指令信号输入端信号是否正常，如图12-33所示。

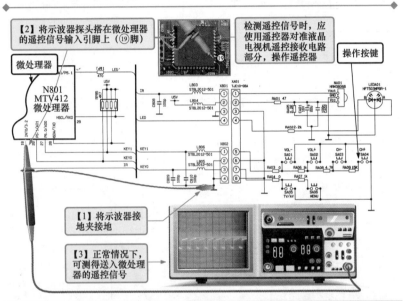

图12-33　微处理器的输入信号的检测方法

 提示

检测操作按键送入的信号时，需要在按键的一瞬间，在微处理器的㉖脚和㉗脚处检测到相应的电平变化，表明输入的信号正常。

4. 音频信号处理电路的检修方法

检修音频信号处理电路时，可使用万用表或示波器测量待测液晶电视机音频信号处理电路的输出、输入信号等参数，然后将实测电压值或波形与相应电路的正常的数值或波形进行比较，即可判断出音频信号处理电路的故障部位。

不同液晶电视机的音频信号处理电路的检修方法基本相同，下面以厦华 LC-32U25 型液晶电视机为例介绍音频信号处理电路的具体检修方法。

（1）检测音频信号处理电路的输出信号

液晶电视机出现无伴音故障时，首先判断其音频信号处理电路部分有无输出，即在通电状态下，对音频信号处理电路的输出音频信号进行检测，如图 12-34 所示。

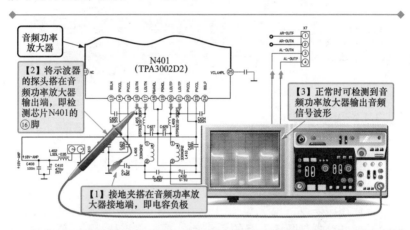

图 12-34　音频信号处理电路输出信号的检测方法

若检测无音频信号输出或某一路无输出，则说明该电路前级电路可能出现故障，需要进行下一步检测。

（2）检测音频功率放大器的工作条件

若音频信号处理电路无音频信号输出，即音频功率放大器无输出，此时需要对其工作条件（供电电压）进行检测，具体检测方法与中频信号处理电路工作电压的检测方法相同，这里我们不再重复。

若供电电压正常，而仍无输出，则需要进行下一步的检测。

（3）检测音频信号处理芯片的输出信号

若音频功率放大器的供电电压正常，而无音频信号输出，则应对音频信号处理芯片送出的音频信号进行检测，如图 12-35 所示。

若音频信号处理芯片输出的信号正常，即音频功率放大器输入的信号正常，则表明音频功率放大器本身可能损坏；若输入的信号波形不正常，则应继续对其前级电路进行检测。

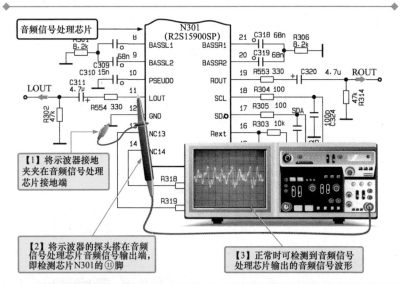

图 12-35　音频信号处理芯片的输出信号的检测方法

（4）检测音频信号处理芯片的工作条件

若音频功率放大器无输入（或音频信号处理集成电路无输出）则接下来可首先判断该电路的工作条件（工作电压、I^2C 总线信号）是否满足要求，具体检测方法可参考前文检测工作条件的方法。

直流供电是音频信号处理芯片的基本工作条件之一。若无供电电压，即使音频信号处理芯片本身正常，也将无法工作，应对供电部分进行检修；若供电电压正常，仍无输出，则应进行下一步检修。

（5）检测音频信号处理芯片的输入信号

当液晶电视机的音频信号处理芯片无输出或音频功率放大器无输入、但工作条件均正常时，则需要对音频信号处理芯片输入端的音频信号进行检测，如图 12-36 所示。

若检测音频信号处理芯片的两路输入均正常，而无输出，则说明音频信号处理芯片功能失常；若检测无输入音频信号或某一路无输入，则说明前级电路可能出现故障，需要对前级电路进行检查。

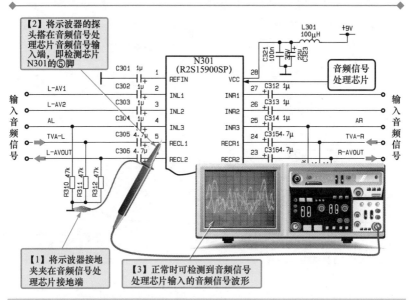

【2】 将示波器的探头搭在音频信号处理芯片音频信号输入端，即检测芯片 N301 的⑤脚

音频信号处理芯片

【1】 将示波器接地夹夹在音频信号处理芯片接地端

【3】 正常时可检测到音频信号处理芯片输入的音频信号波形

图 12-36　音频信号处理芯片输入信号的检测方法

 5. 电源电路的检修方法

检修电源电路时，可分别对开关电源电路和逆变器电路分别进行检测。当开关电源电路出现故障时，可首先采用观察法检查电源电路的主要元器件有无明显损坏迹象，如观察熔断器有无断开、炸裂或烧焦的迹象，其他主要元器件有无脱焊或插口不良的现象，互感滤波器线圈有无脱焊，引脚有无松动，+300V 滤波电容有无爆裂、鼓包等现象。若从表面无法观测到故障点，再按供电顺序逆向检测。

逆变器电路的检修与开关电源电路类似，一般可逆其信号流程从输出部分作为入手点逐级向前进行检测，信号消失的地方即可作为关键的故障点，再以此为基础对相关范围内的工作条件、关键信号进行检测，排除故障。

（1）检测电源电路的输出电压或信号波形

当电源电路出现故障时，可先判断该电路的输出部分是否正常，即在通电开机的状态下，使用万用表或示波器检测输出的电压值或信号波形，如图 12-37 所示。

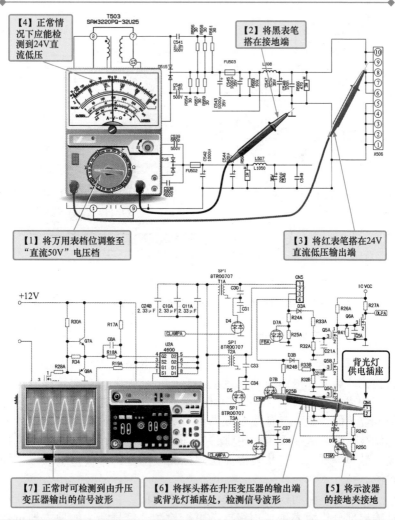

【4】正常情况下应能检测到24V直流低压

【2】将黑表笔搭在接地端

【1】将万用表档位调整至"直流50V"电压档

【3】将红表笔搭在24V直流低压输出端

【7】正常时可检测到由升压变压器输出的信号波形

【6】将探头搭在升压变压器的输出端或背光灯插座处，检测信号波形

【5】将示波器的接地夹接地

图 12-37 电源电路的输出电压（信号）

若检测电源电路输出的电压（信号）正常，则说明电源电路基本正常；若检测无电压值、某一路电压值无输出、信号波形不正常等，均表明该电路可能出现故障，需要进行下一步的检测。

（2）检查电源电路的输入电压

电源电路中开关电源电路的供电为交流 220V，而逆变器电路的供电电压是由开关电源电路供给，因此检测电源电路的输入电压时，可先检测开关电源电路的工作条件，如图 12-38 所示。

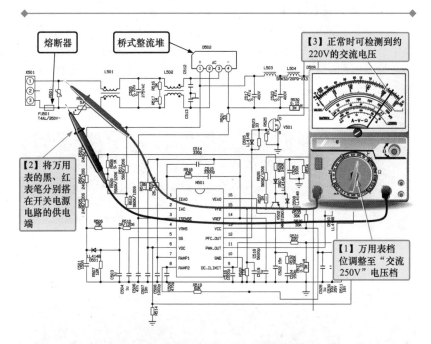

图 12-38　开关电源电路供电电压的检测方法

若检测开关电源电路的供电电压正常，而输出电压不正常，则表明故障范围在开关电源电路部分；若检测开关电源电路的输入和输出电压均正常，而逆变器电路输出异常，则表明逆变器电路出现故障，此时可分别针对该电路中的主要元器件进行检测。

6. 接口电路的检修方法

接口电路是液晶电视机中主要的输入/输出电路部分，也是与外部设备连接的主要通道，当怀疑接口电路出现故障时，可首先采用观察法检查接口及电路中的主要元器件或部件有无明显损坏迹象，如观察接口外观有无明显损坏现象，接口引脚有无腐蚀氧化、虚焊、脱焊现象，接口电路元器件有无明显烧焦、击穿现象。

若从表面无法观测到故障部位，可借助万用表或示波器测量待测液晶电视机的接口电路，然后将实测电压值或波形与相应电路正常的数值或波形进行比较，即可判断出接口电路的故障部位。

（1）检查接口本身

接口是液晶电视机接口电路中故障率较高的部件，特别是插接操作频繁、操作不规范情况下，接口引脚锈蚀、断裂、松脱的情况较常见，因此对接口本身进行检查是接口电路测试中的重要环节，如图12-39所示。

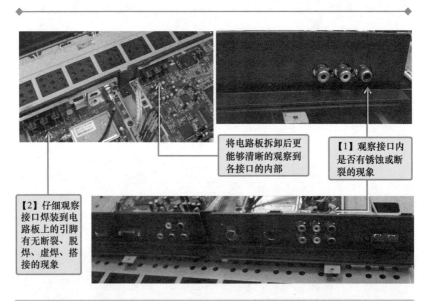

将电路板拆卸后更能够清晰的观察到各接口的内部

【1】观察接口内是否有锈蚀或断裂的现象

【2】仔细观察接口焊装到电路板上的引脚有无断裂、脱焊、虚焊、搭接的现象

图12-39　接口本身的检测方法

（2）检测接口的供电电压

各种接口能正常工作都需要满足其工作条件，否则即使接口本身正常，也无法正常工作。因此，检测接口电路时，测量其工作条件是十分重要的环节，图12-40所示为检测VGA接口供电电压的方法。

（3）检测接口处的信号波形

接口电路主要用于音、视频信号的传送，因此，在接口本身以及供电均正常的情况下，还应对该接口电路中的信号波形进行检测，如图12-41所示。

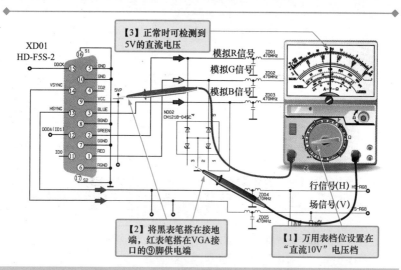

图 12-40　VGA 接口供电电压的检测方法

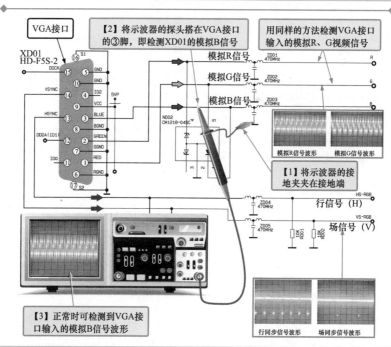

图 12-41　VGA 接口中各信号的检测方法

读者需求调查表

个人信息

姓名：		出生年月：		学历：	
联系电话：		手机：		E-mail：	
工作单位：			职务：	
通讯地址：			邮编：	

1. 您感兴趣的科技类图书有哪些？

☐自动化技术 ☐电工技术 ☐电力技术 ☐电子技术 ☐仪器仪表 ☐建筑电气
☐其他（ ） 以上各大类中您最关心的细分技术（如 PLC）是：（ ）

2. 您关注的图书类型有：

☐技术手册 ☐产品手册 ☐基础入门 ☐产品应用 ☐产品设计 ☐维修维护
☐技能培训 ☐技能技巧 ☐识图读图 ☐技术原理 ☐实操 ☐应用软件
☐其他（ ）

3. 您最喜欢的图书叙述形式为：

☐问答型 ☐论述型 ☐实例型 ☐图文对照 ☐图表 ☐其他（ ）

4. 您最喜欢的图书开本为：

☐口袋本 ☐32 开 ☐B5 ☐16 开 ☐图册 ☐其他（ ）

5. 你常用的图书信息获得渠道为：

☐图书征订单 ☐图书目录 ☐书店查询 ☐书店广告 ☐网络书店 ☐专业网站
☐专业杂志 ☐专业报纸 ☐专业会议 ☐朋友介绍 ☐其他（ ）

6. 你常用的购书途径为：

☐书店 ☐网络 ☐出版社 ☐单位集中采购其他（ ）

7. 您认为图书的合理价位是（元/册）：

手册图册（ ） 技术应用（ ） 技能培训（ ） 基础入门（ ） 其他（ ）

8. 您每年的购书费用为：

☐100 元以下 ☐101～200 元 ☐201～300 元 ☐300 元以上

9. 您是否有本专业的写作计划？

☐否 ☐是（具体情况： ）

非常感谢您对我们的支持，如果您还有什么问题欢迎和我们联系沟通！

地址：北京市西城区百万庄大街22 号 机械工业出版社电工电子分社 邮编：100037
联系人：张俊红 联系电话：13520543780 传真：010-68326336
电子邮箱：buptzjh@163.com（可来信索取本表电子版）

编著图书推荐表

姓　　名		出生年月		职称/职务		专　业	
单　　位				E-mail			
通讯地址						邮政编码	
联系电话			研究方向及教学科目				

个人简历（毕业院校、专业、从事过的以及正在从事的项目、发表过的论文）

您近期的写作计划有：

您认为目前市场上最缺乏的图书及类型有：

地址：北京市西城区百万庄大街 22 号　机械工业出版社　电工电子分社
邮编：100037　网址：www.cmpbook.com
联系人：张俊红　电话：13520543780/010-88379768　010-68326336（传真）
E-mail：buptzjh@163.com（可来信索取本表电子版）

图书在版编目（CIP）数据

零基础学家电维修与拆装技术轻松入门/韩雪涛主编 . —北京：机械工业出版社，2016.6（2019.10重印）

（零基础学技能轻松入门丛书）

ISBN 978-7-111-54156-1

Ⅰ.①零…　Ⅱ.①韩…　Ⅲ.①日用电气器具—维修—基本知识　Ⅳ.①TM925.07—

中国版本图书馆 CIP 数据核字（2016）第 152007 号

机械工业出版社（北京市百万庄大街 22 号　邮政编码 100037）
策划编辑：张俊红　责任编辑：林　桢
责任校对：张玉琴　封面设计：路恩中
责任印制：孙　炜
保定市中画美凯印刷有限公司印刷
2019 年 10 月第 1 版·第 8 次印刷
145mm×210mm·10.5 印张·297 千字
标准书号：ISBN 978-7-111-54156-1
定价：35.00 元

凡购本书，如有缺页、倒页、脱页，由本社发行部调换

电话服务	网络服务
服务咨询热线：010-88361066	机工官网：www.cmpbook.com
读者购书热线：010-68326294	机工官博：weibo.com/cmp1952
010-88379203	金书网：www.golden-book.com
封面无防伪标均为盗版	教育服务网：www.cmpedu.com